人才发展协会（ATD）
软技能系列

职场
情商力

[美] 帕特里克·马隆 著
（Patrick Malone）

车琳琳 译

EMOTIONAL INTELLIGENCE IN
TALENT DEVELOPMENT

中国科学技术出版社
·北 京·

Published by arrangement with the Association for Talent Development, Alexandria, Virginia USA.

北京市版权局著作权合同登记　图字：01-2022-5107。

图书在版编目（CIP）数据

职场情商力 /（美）帕特里克·马隆
（Patrick Malone）著；车琳琳译 . — 北京：中国科学
技术出版社，2023.9
书名原文：Emotional Intelligence in Talent
Development
ISBN 978-7-5236-0143-3

Ⅰ . ①职… Ⅱ . ①帕… ②车… Ⅲ . ①情商—通俗读
物 Ⅳ . ① B842.6-49

中国国家版本馆 CIP 数据核字（2023）第 077482 号

策划编辑	杜凡如　李　卫	**责任编辑**	杜凡如
封面设计	仙境设计	**版式设计**	蚂蚁设计
责任校对	焦　宁	**责任印制**	李晓霖

出　　版	中国科学技术出版社
发　　行	中国科学技术出版社有限公司发行部
地　　址	北京市海淀区中关村南大街 16 号
邮　　编	100081
发行电话	010-62173865
传　　真	010-62173081
网　　址	http://www.cspbooks.com.cn

开　　本	880mm×1230mm　1/32
字　　数	92 千字
印　　张	5.5
版　　次	2023 年 9 月第 1 版
印　　次	2023 年 9 月第 1 次印刷
印　　刷	北京盛通印刷股份有限公司
书　　号	ISBN 978-7-5236-0143-3/B·149
定　　价	68.00 元

工作环境正在发生变化。过去，公司优先考虑的是如何大幅度提高工作绩效和生产力，侧重对员工开展培训，希望员工能够在更短的时间内完成更多的工作。如今，公司管理者已经意识到，员工可能确实提高了工作效率，但工作质量，尤其是员工之间的合作，并未得到改善。在可预见的未来，自动化程度有望进一步提高，硬技能和软技能需求之间的平衡还会发生变化。员工未来需要投入更多时间在机器能力相对弱的工作上，如人员管理、专业技能、与人沟通等。总之，人们现在比以往任何时候都更加看重软技能的价值。

这就要谈到人才发展了。

软技能的需求日益增长，人才发展专业人士在其中可以发挥独特的作用。他们和其他员工一起工作，为整个团队提供辅导；教学设计师跨职能部门工作，解决业务需求问题；学习型管理者利用影响力，获得更多预算或资源。但是，如

果人才发展专业人士不提高自身的软技能，又如何在未来帮助员工发展软技能呢？

在人才发展协会，我们致力于创造一个更好的世界，帮助像你这样的人才发展专业人士更好地在职场帮助人才发展。作为这项工作的一部分，人才发展协会设计了人才发展能力模型作为框架，用于指导人才发展工作从业者获得知识和技能来提高自身能力，帮助员工和组织实现进一步发展。虽然软技能在"打造个人能力"方面的作用最为突出，但实际上在这个模型中的各个能力范畴，包括发展职业能力和影响组织能力等方面，软技能都起着至关重要的作用。有了软技能，人才发展专业人士将在教学设计、培训交付和引导、未来准备、变革管理等方面，再上一个台阶。

人才发展专业人士需要关于如何发展人才的资源，也需要关于如何提高自身人际交往能力的指导，进而提高适应性、自我意识和同理心、创造性、协作性、影响力和说服力。人才发展协会的软技能系列提供的正是这方面的指导。

"人才发展协会（ATD）软技能系列"中的每本书各介绍了一项软技能，都是人才发展专业人士在帮助其组织和员工发展时所必备的。每本书均分为两部分。第一部分的内容是关于该技能是什么，为什么重要，提高该技能会在内外部遇到哪些障碍。第二部分将镜头转向人才发展专业人士的日常工作，关于他们在工作中怎样实践和完善这一技能。书中还提供了工作记录表、自我反思练习和最佳实践，让人才发展专业人士得以将其技术专长与新掌握的软技能相匹配，从而建立职业复原力。

本系列包括：

- 《职场适应力》
- 《职场情商力》
- 《职场创造力》
- 《职场合作力》
- 《职场影响力》

我们很高兴能为你提供这套"人才发展协会（ATD）软技能系列"，希望这些书能为你未来的学习和发展提供帮助。

杰克·哈洛（Jack Harlow）

人才发展协会出版社高级发展编辑

序言

噢，那些被名字耽误了的软技能！

多年来，组织机构都忽视软技能，强调技术技能，常常低估了团队合作、有效沟通、使用问题解决技巧和管理冲突的价值。新任经理之所以失败，是因为他们的晋升往往是基于技术资格，而没有考虑到人际关系和鼓励团队合作的软技能。就在十几年前，培训师还羞于启齿说他们的课程提升了人们的软技能。这是为什么？

◎ 软技能的前世今生

人们之所以不愿意承认他们用到了（或需要）软技能，通常是因为名字中这个不幸的"软"字，这让人们认为软技能不如会计或工程等"硬"技能价值高。顾名思义，软技能很容易掌握，或被认为太水了，不值得重点培养。这两种看

法都是对软技能的误解。事实上，赛斯·戈丁（Seth Godin）称软技能为"货真价实的"技能，"因为软技能确实行之有效，是我们现在需要的核心技能"。

然而，整个社会看重的似乎都是技术技能，而不是人际交往技能。我们钦佩的是研发新型冠状病毒疫苗的科学家，而不是人们在居家隔离期间利用沟通技巧与员工互动的领导者。我们承认不会开飞机很容易，但我们相信自己很有创造力，或者能很快适应环境。之所以会如此，是因为我们一辈子都听人这么说，对此耳熟能详——事实上却并不是这样。因此，我们更加重视通过获取高等学位和毕业后的培训认证来学习技术技能，以便能找到工作，而不重视掌握人际关系技能。

幸运的是，许多企业和企业管理者现在都已经认识到，如果员工的技术知识能得到软技能的支持，会产生很大的价值。因为软技能对你职业生涯的重要性，远比你想象中要大。请考虑：作为就业重构峰会 ①（Jobs Reset Summit）的一部分，世界经济论坛确定 50% 的劳动力需要技能再培训和

---

① 就业重构峰会，由世界经济论坛举办，汇集来自商界、政府、社会组织、媒体的卓越领袖和广大公众，共同制定有助于促进增长、增加就业、提升技能和促进平等的新议程。——编者注

技能提升。峰会还确定了未来十大职业技能的再培训需求。在 21 世纪所需的 10 项技能中，有 8 项是非技术性的，包括：创造力、独创性、主动性、领导力、社会影响力、复原力、抗压能力和灵活性。领英在 2019 年《全球人才趋势报告》（*Global Talent Trends Report*）中指出，掌握软技能是推动工作场所未来发展最重要的趋势：91% 的受访者表示，软技能与技术技能一样重要或更重要，80% 的受访者认为软技能对组织的成功非常重要。德勤的一份报告表明，"到 2030 年，软技能密集型工作将占到所有工作的三分之二"，而具备协作、团队合作和创新相关技能的员工，每年可为企业多增加 2000 美元的价值。随着机器人成本的降低和人工智能的发展，团队合作、解决问题、创造力和影响力等软技能变得越来越重要。

软技能可能不像人们最初想象的那样，只作为一个可选项而存在。

◎ 软技能的重要性

软技能有时被称为企业技能或就业技能。尽管名声不好，但特别有价值，因为软技能可以在工作、职业、部门甚至行业之间转移，不像硬技能或技术技能那样，通常只与特定工作相关。沟通能力一般是最重要的软技能，但软技能还包含其他技能，比如在"人才发展协会（ATD）软技能系列"中谈到的：情商力、适应力、合作力、创造力和影响力。这些个人特质会影响员工信任度、责任感和职业道德。

软技能之所以重要，还因为几乎所有工作都需要员工之间互动。组织要求员工具备完成各项工作所必需的技术技能和正式资格。然而，事实是，商业中讲的就是关系，组织的成功也依赖于关系。这就是成功的员工、富有成效的组织和软技能碰撞出火花的地方。

◎ 软技能与人才发展能力模型

人才发展专业人士是确保组织具备成功所需的全部技术类技能和软技能的重要因素。我有时仅仅是想到为确保组织、客户、领导、学员和自身成功需要了解的一切，就已经筋疲力尽了。人才发展工作绝非千篇一律，每天、每个设计、每次产出的结果都不一样，参与者也各有各的情况。有差异是好事，因为有挑战才能有更好的发展。

作为人才发展专业人士，我们明白软技能对于员工的培训和发展至关重要，但我们自己呢？你需要哪些软技能才能在职业生涯中取得成功？是否思考过你需要精通的所有技能？

人才发展协会的人才发展能力模型有助于你认识到自身需要提高的技能，但模型中相应软技能的描述较简单，你还需要自己进一步了解更多相关内容。以下是一些例子：

- **个人提升能力**专属软技能，但未能列出其全部。很明显，沟通、情商、决策、协作、文化意识、道德行为和终身学习都是软技能。项目管理可能更具技术性，但如果没有良好的沟通和团队合作，项目就不可能成功。

- **专业发展能力**需要软技能贯穿始终。如果没有创造力，如何实现教学设计和培训授课？如果不注重情商力和影响力，就无法指导或处理职业发展问题。即使是技术应用和知识管理，也需要人才发展专业人士有适应性、创造力和合作力，才可能成功。

- **组织影响能力**侧重于在领导和组织层面工作时用到的

软技能。为获得商业洞察力，成为管理层的合作伙伴，发展组织文化，你需要与最高管理层合作，发挥影响力，并借助情商技能与最高管理层沟通。人才战略相关工作需要适应力和影响力方面的软技能。如果没有良好的沟通、情商和团队合作，就不可能成功实现改变。

为未来做准备，你需要创造力和创新精神。

简而言之，软技能能让人才发展专业人士与他人有效互动，从而掌握能力模型中跨学科的 23 项能力。

◎ 软技能：专业精神的关键

作为人才发展专业人士，我们要精通几乎所有软技能，才能履行最基本的工作职责。然而，发展软技能的重要性还有一个更为基础的因素：只有掌握了这些技能，我们才能表现出专业精神，从而赢得利益相关者、学员和同事的尊重。我们必须专业，否则怎么能被称作人才发展"专业人士"呢？

专业精神是推动我们事业发展的动力。为了让"人才发展专业人士"这个称号名副其实，我们要做高绩效者，展示出技术人才能力清单之外的素质和技能；自身要精通各项软技能，才能从容地为他人提供帮助；成为团队中的一员，证明我们能和别人合作良好；要情商高，确保察觉到、控制好和表达出自己的情绪，处理好人际关系；有创造性，帮助组织在竞争中占有优势；要适应性强，帮助组织为迎接未来做好准备；还需要影响力技能，以便自己也能在未来占有一席之地。

我们需要与各自岗位所匹配的知识和技能来完成工作，而那些成功人士同时也精通软技能。生活中的每一天，与他人的每一次互动，你都用得到这些软技能。软技能让人头脑灵活、足智多谋、复原力强，可以提高专业水平，促使职业成功，缺乏这些技能则可能会限制职业发展。

显然，软技能比人们以前认为的更重要，对于人才发展专业人士和培训师来说更是如此。学员和客户希望你的大多数课程主题都有前瞻性，还希望你为职业成功所需的技能建模。要让自己更专业，你需要哪些软技能？更清晰地沟通？人际交往能力？更加灵活？自我管理？专业风采？还是足智多谋？

　　E. E. 卡明斯（E. E. Cummings）说过："成长并成为真正的自己，需要勇气。"我希望你有勇气决定需要提高哪些技能才能成为最好的培训师——尤其是那些被误命名的软技能，它们一点儿都不软。你还要为自己树立足够高的标准，让自己保持训练状态。"人才发展协会（ATD）软技能系列"的这 5 本书，为你提供了一个很好的起点。

伊莱恩·碧柯（Elaine Biech）
《职业成功的技能：最大化你在工作中的潜力》（*Skills for Career Success: Maximizing Your Potential at Work*）作者

◎ 赛亚做了所有正确的事

赛亚有大学学历，履历丰富，同时积累了各种令人印象深刻的技能。自几年前加入公司以来，赛亚在人才发展和人才招聘方面有着长期的成功经验。她似乎有一种超凡脱俗的能力，那就是能发现年轻专业人士的潜力。

因此，公司做出提拔赛亚的重大决定。现在，她负责管理人才招聘部门，该部门有 14 名员工，全面负责公司的人力资源管理。

赛亚马上把新团队召集起来，表达了她对团队成员的工作期望。简而言之，大家要像她一样工作。这看起来没有问题，因为她很成功，最近又刚被提升。但是，正是在第一次的部门会议上，赛亚把事情搞砸了。

虽然赛亚在工作上游刃有余，但这无助于改善她与周围

人的关系。作为一名新上任的主管，她努力将自己的专业才能转化为管理技能；而在自我认知和自我管理方面，她远没有做好充分的准备，同时也不善于管控肢体语言。当其他人不能理解她且她无法处理随之而来的冲突时，她就只能发脾气。她虽才华横溢，但优势并不突出。团队中的每个人都很沮丧，赛亚也失去了耐心。

她似乎缺少了什么特质，那就是情商。

像赛亚这样的人在职场中太常见了，因为我们太看重各种技能证书了。看重各种证书是一件很正常的事情，证书对我们的工作至关重要，有了它们，我们才能向别人展示技术技能。证书也给了我们获得第一份工作的法码。在某些情况下，证书甚至能帮助我们在事业上取得进步。

但是仅有专业技能是远远不够的，我们在职业生涯中很少考虑如何发展情商技能。

◎ 我们为什么会忽视情商

多年来，通过学习调查专家所说的有效管理和领导必需的技能，很多优秀、勤奋且聪明的人撰写了研究报告。其中许多研究报告每年会以新闻稿的形式大张旗鼓地发布。

当然，企业会对此做出回应。他们会根据这些建议制订领导力发展和领导继任计划。企业聘请专家来指导大家，如何在当今"填补空白式"的世界中处于领先地位。专家给出的答案似乎代表了一种解决方案，能够轻松解决企业面临的一系列问题。相比创造充满信任和创新的环境，激发员工的热情和动力，依赖带有图表、数字和充满吸引力的框架要容易得多。因此，所谓的成功策略要求我们变得有战略眼光，却不要求我们发展与人交往和领导他人的能力。这些方法中缺少的东西都与情商有关，而情商正是建立在同情、宽恕、关怀、同理心、善良和关爱之上的与他人沟通的桥梁。

坦白地讲，我喜欢情商这个话题。我是乐观主义者吗？是的。我习惯了听"乐观先生"说："大家手拉手！"我职业生涯的大部分时间都是在领导岗位上度过的，犯过领导可能犯的所有错误。如果说这么多年来我学到了一件事，那就是重要的不是你知道什么，而是你是谁。在我职业生涯的大部分时间里，我是一名身穿制服的海军军官。我已经记不清有多少人来找我，对我说："作为一名海军军官，担任领导职务一定很容易，只需下达命令即可。"事实完全不是这样的。命令别人工作是一种强迫行为，纯粹而简单。我坚信，高效领导者的成功不是来自他们的职位权威，而是来自他们服务和关心他人的意愿。

我在美国一所大学主持的项目——关键执行领导力——已经有近 50 年的历史了。从一开始，我们就非常关注善良、情商、感激、正念、同情、思维能力和冥想。我经常提醒大家，我们是在披头士乐队发行专辑《顺其自然》几年后诞生的，这张专辑的大部分音乐都是关于爱的。项目创始人唐·扎德勒（Don Zauderer）既是我的密友，也是我的导师，他对项目有着基于爱的愿景。虽然项目内容包括最佳实践、案例研究、严谨的学术研究和写作，但在我看来，项目最重要的是唐在其整个职业生涯中所强调的观点：我们如何与他人建立信任、如何关心彼此、如何对待彼此，以及如何与他人建立联系。认识自己、接纳自己、跟他人真诚地联系，是其他一切的来源。

我相信，无论你是领导者，还是试图推动企业发展的一线员工，人际关系都是领导力的起点和终点。不管我们的职位是什么，实际上我们都是领导者。没有比人的心灵和灵魂更强大的力量了。一旦与他人建立联系，你就能拥有好队友、好员工或好老板。如果每个员工都健康、幸福，那么企业就会成功。这些都是基于科学数据的无可辩驳的事实，后面我们会讨论到。

现在，说回赛亚。晋升后，她很可能会学习如何提升领导力的内容。她有一颗善良的心，在工作方面也很有能力，但情商却成为影响她晋升的一个因素。情商支配着我们与他人的所有互动。这些互动可能发生在当我们是团队的一部分、为某人工作或与某人一起工作的时候，也可能发生在当我们监督为我们工作的人时。只要有人参与，情商就很重要。很明显，赛亚的情商还有待提高。

◎ 本书将如何帮助你

对人才发展专业人士来说，情商尤为重要。记住，人才发展实际就是人类发展。从事这类工作，你必须具备人际交往技能。当然，你也必须具备各种技术资格。老板需要分析能力强、熟悉教学设计细节、擅长建立和跟踪招聘模型、善于管理参与复杂项目的员工。这些能力很重要，任何有能力学习这些知识的人都可以学会。但就这些能力本身而言，单靠它们不足以应对当今人才发展专业人士所面临的复杂世界。人才发展专业人士必须具备强大的人际交往能力，这些棘手的软技能来之不易，它们是构建团队、管理冲突、沟通交往、发挥影响力、赢得信任和实现企业目标所必需的。

本书的主题是情商，它是智商的情感表亲，是我们用来提升软技能的基础，是人才发展专业人士建立软技能的工具。恰当地运用软技能可以让我们更好地获得自我意识、更好地理解和激励他人，以及更好地平衡生活与工作。

在本书第一部分，我们将介绍什么是情商，以及它与我们通常认为的人类智慧之间的关系。我们将探讨情商的5个方面：自我认知、自我管理、自我激励、理解他人和社交技巧。正念也是一个重要的探索主题，我们要努力保持一种必要的心态，坦然面对未知，拥有韧性，学会自我照顾。我们还会探讨为什么情商对自我发展、对企业和业务都很重要，以及培养情商的过程中会遇到的障碍。

在本书第二部分，我们具体介绍了人才发展专业，以及如何将情商运用到我们工作中所扮演的各种角色上，尤其是在培养个人技能、专业和组织能力方面。帮助他人成长是一项非常繁忙的工作，我们还会面临压力对情绪、身体和行为的影响，我们希望通过多任务处理以摆脱压力。不管结果是好是坏，我们都会这样做。

最后，我们必须深入研究沟通，它是我们与他人分享情绪的媒介。交流有时是口头的，有时不是，但它永远存在。不管我们承认与否，它都传递出非常多的信息。

◎ 进入情商思维框架

准备好了吗？我等不及要告诉你，作为一名人才发展专业人士，你在当今的企业中有着独特的作用。事实上，独特可能还不足以形容你的作用，至关重要才足够。企业通过人才发展专业人士招揽最有价值的资源——人才。

我们沿着这个框架写完接下来的章节，你可以在阅读的同时进行思考和记录。在整本书中，我会不时地要求你停下来思考，我希望你能这样做，这将帮助你深入理解内容，给你机会记录你的感受或问题。把书放在一边等待几分钟，让你的思绪四处游荡，我认为这是一种比传统教学更有效的方法。传统教学关注量表问题和数值评估，其中的许多问题都是武断的，几乎没有科学依据。

本书围绕着你展开，书的好坏也取决于你。书中开放式、发人深省的问题，加上正念和日记，将情商的关键概念嵌入你的头脑和实践中。

沿着这个思路，让我们从以下快速练习开始。看看下表，它列出了不同类型的情绪。

表 0-1　情绪类型表

快乐	悲伤	愤怒	满足
期望	失望	困惑	欲望
焦虑	兴趣	苦恼	尴尬
厌恶	冷静	渴望	敬畏
喜悦	嫉妒	同情	怀旧
共情	爱	恐惧	蔑视

现在回答以下 3 个问题，不要想太多，直觉反应是最好的。

1. 以上哪种情绪描述了你的常态？

_____

_____

2. 以上哪种情绪你最害怕？

_____

_____

3. 以上哪种情绪你希望自己能感受得更多?

_____

_____

最后，让我们进入正题吧!

目　录
CONTENTS

第一部分
情商案例

PART 1

第一章
情商的力量
CHAPTER 1

◎ 初始想法

与那些专注于提升专业技能，在职业生涯中步步高升的人一起工作多年后，我发现了他们职业素养的共同之处，我也不例外。那就是太为自己的专业知识感到骄傲。我们总是过于依赖工作中获得的专业知识，而忽视了"软技能"的重要性。

不幸的是，在我们的工作和生活中，决定成功的大多不是我们的专业知识，而是别人对我们的感觉。已故诗人、作家玛雅·安吉洛（Maya Angelou）对此曾说过更具说服力的一句话："人们终将忘记你说过的话、做过的事，但人们永

远不会忘记你带给他们的感受。"我们给别人的感觉比什么都重要。不管做什么，当人们觉得可以信任我们，可以与我们共情，可以感受到我们的真诚时，他们就更有可能与我们合作。这就是情商的力量。它赋予我们与他人联系和交流所需的一切。情商的好处是非凡的。

◎ 情商简史

谢天谢地，这些年来，情商的概念越来越受欢迎。许多人将情商研究的背后工作归功于最近兴起的领导力研究人员，但它开始的时间比许多人认为的要早得多。以 20 世纪初的美国为例，大约在 50 年前，在工业革命的基础上，美国工厂蓬勃发展，为市民创造了大量的工作机会，但他们的工作环境却很不理想。一脸严肃的老板们在工厂的车间里监督工人工作。毫不夸张地说，这些车间经常充满了危险。

早期人文主义者试图警告的正是这种类型的领导者。刺耳的噪声、明目张胆的监督和极少的宽容是当时的普遍现象。批评人士认为，工作环境不应该是这样。20 世纪初，社会工作者、社会顾问玛丽·帕克·芙丽特（Mary Parker

Follett），一直以来被称为"管理理论之母"，她的观点是借助他人完成团队任务，并取得了巨大的进展。她赢得了同行人士的一致认同，其他学术研究也对其社会智力、情感智力和人性化管理方法的观点大加赞赏。马斯洛（Maslow）的需求层次理论，以及其他支持情感力量和自我意识的研究，都是源自当时理论的鲜活产物。

人们普遍认为，情商一词首次出现在韦恩·佩恩（Wayne Payne）在 1985 年发表的一篇博士论文中。随后，心理学家彼得·萨洛维（Peter Salovey）和约翰·梅耶（John Mayer）因为在《想象、认知和人格》（*Imagination, Cognition and Personality*）杂志上发表了开创性的文章《情商》（*Emotional Intelligence*），被认为是情商学科的创始人。特拉维斯·布拉德伯里（Travis Bradberry）、让·格雷夫斯（Jean Graves）、西万·拉兹（Sivan Raz）、莱赫·齐斯伯格（Lechu Zysberg）和丹尼尔·戈尔曼（Daniel Goleman）等人紧随其后，发表了关于情商及其在工作场所的实际应用的杰出作品。

◎ 情商的定义

也许研究情商的最好方法是回顾自我经历。回想一下，曾经你为某个不能称得上好老板的人工作的时候，也许当时不像我刚才描述的 20 世纪初美国工厂的情况那样糟糕，但依然是不好。现在，写下几个形容词描述一下这位老板。

_____

_____

现在，想象一下你愿意把可自由支配的精力都拿来为他工作的老板。换句话说，你愿意在思想和行为上无限支持他。现在，再写下几个词来描述这个人。

_____

_____

让我猜猜，你第二次写下的形容词可能包括：鼓舞人心的、低调的、关心他人的、善于倾听的、善解人意的、有同理心的、富有同情心的、谦逊的、善于沟通的、善良的、不出风头的、擅长鼓励的。我猜得对吗？

你第二次写下的词包含了情商的基本指标。情商意味着一个人能够感知自己的情绪、调节自己的行为、识别他人的需求并据此管理人际关系。智商高又有技术能力的人可能情商高，也可能情商低，我们稍后会讲到。情商高的人擅长与他人建立联系，无论他们的职位是什么，他们身上都有一种平易近人的气质。此外，他们还能够营造出充满信任、沟通方便和鼓舞人心的工作氛围。

情商并不像你想的那样高深，但它确实有些复杂。它要求我们深入了解自己，发现自己并不总是完美的。然后，我们就能在工作场所内外建立更有影响力的关系。情商专家戈尔曼将情商分为 5 个方面：自我认知、自我管理、自我激励、理解他人和社交技巧。这 5 个方面为我们打开了更好地了解自己和他人的大门。

自我认知

你是否曾在镜子里长时间地审视自己，想看清真实的自己？这不是别人眼中的你，也不是你希望别人看到的你。你是否曾为自己的行为或语言感到惊讶？也许是别人让你注意到这一点，然后你意识到："啊，我真的是那样的！"

没有自我认知就没有情商。自我认知让我们能够识别我

们所经历的情绪。它也让我们看清自己：好的自己和不太好的自己。当我们照镜子时，我们无法隐藏。自我认知也是如此。通过更加适应和接受内心的信号，我们建立了一种内在的自信，这是情商的基础。我们知道什么激励着我们，才能够更好地回应他人，对他人的情绪更加敏感，沟通也更加深入和顺利。

举个例子，克里斯（Chris）是一个缺乏自我认知的教师。他已经准备好了所有最新的课程内容和最好的练习方法，但他没有意识到，他在课堂上使用的语言对少数学习者造成了困扰。他也没有意识到，他总是对着教室左边说话。这只是一个简单而无意识的举动，但会让其他同学感到不舒服，觉得被冷落。当一个学生指出他的这个问题时，他立刻警惕起来。

自我认知很强的人能够认识到自己的情绪，并且能够更好地理解这些情绪对他们的影响。例如，他们知道在一群人面前演讲会让他们感到极度害羞，这会激发他们花更多的时间做准备。有时候，自我认知表现为一种内在的信号——一个令人讨厌的信使，提醒我们内在的真实自己。那些有强烈自我认知的人乐于接受这种信号。

自我认知强的人能够专注于内心的迹象，他们通常擅长自我评估。他们知道自己的强项，并能很好地利用它们。他们也知道自己的弱点，并以一种谦卑好学的姿态工作，策略性地靠近那些具备他们所欠缺才能的人。同时，他们爱听周围人的反馈，无论是来自同事、下属还是老板。知识是关键，有自我认知的人明白知识的长期价值。他们知道自己的长处，也知道何时寻求帮助。

自我认知是情商最重要的一个方面，我花了很多时间研究它。我发现，自我认知和我们能否在情商方面取得提升存在着重要的联系。例如，当我们拥有清晰的自我认知时，我们表现出良好的自我管理能力的可能性有 50%，表现出社会意识技能，如同理心的可能性有 38%。如果没有自我认知，那我们几乎不会自我管理，缺乏社会意识技能的可能性高达83%。

自我管理

请认真想一想，什么事情会让你抓狂？是别人说话时不看着你的眼睛吗？还是那些闯红灯的人？或是在餐厅里对服务员粗鲁无礼的人？当你感受到了强烈的愤怒和沮丧时，你

会怎么做呢？你会采取行动吗？会采取怎样的行动？

自我认知的情绪非常强大。它既可以让我们做出深思熟虑、务实的决定，也可以让我们做出第二天早上醒来就会后悔的事情。

以两个面临人才困境的经理为例。奇安德拉（Kiandra）有 12 名新员工，她被告知必须把她新团队中的一些人分给安吉拉（Angela）。安吉拉希望能平分，获得 6 名新员工。但奇安德拉只想把其中的 2 名新员工分给安吉拉，自己留 10 名。安吉拉生气了，于是她告诉奇安德拉人她不要了。

安吉拉在自我管理方面没有做好。她本来可以为团队招募到 2 名新成员，但她却把事情弄得非常难堪，最后一个人也没招到。这是典型的自我管理能力不够。因为情绪战胜了决策能力，所以她的行为伤害了整个团队。

史蒂芬·柯维（Stephen Covey）将这种现象称为反应能力，即我们对任何情况的反应的能力。它也叫作"杏仁核劫持"，指大脑对情绪威胁的反应。这种自我管理失败的现象太常见了，虽然在紧急情况下可以起到保护的作用，但有可能会导致我们在正常情况下无法做出明智的决定。

自我激励

你早上起床的动力是什么？是想改变世界，还是想做一些符合你价值观的事情？你的激情源自哪里？你如何在日常生活中注入这种激情？

自我激励在情商中扮演着关键角色，它是我们成功的动力来源。我们都渴望有所成就，比如成为最好的教学设计师或人才专家。这些目标是在内外驱动力双重作用下产生的，前者来自内在的欲望，后者是更外在的目标，比如金钱或休假。如果能以健康的方式实现职业目标，两者都不是坏事。

自我激励在困难时期非常重要。举个例子，艾妮可（Eniko）是一名老师，她正努力适应与新来的主管共事。尽管这并不容易，但她仍然专注于自己的工作，即在课堂上创造价值。这种对内在激励因素的认识可以帮助她应对工作中的任何挑战，甚至是面对一个糟糕的上司！

高情商的人通过主动性、承诺性和积极性展示动机。他们做事主动，不需要督促就能启动新项目或承担挑战性的任务。他们在困难时期坚持不懈，表现出坚韧的天性，即使遇到挫折也能保持坚强。最后，他们是乐观主义者，能在别人

看不到的情况下发挥积极的一面。

理解他人

你能觉察到别人何时需要帮助吗？你是否能感知到某种情况下可能出现的问题？你是否能为他人提供安慰——那种互相感动的安慰？

理解他人是指尽你所能去感受他人的感受。它是情商的一个独特组成部分，它不仅要求我们接纳自己的情绪，有时甚至是多年前的情绪，还要求我们感知和回应他人的情绪。它始于认真倾听，倾听在这个充满干扰的世界里已经非常罕见了。只有真正的倾听，才能挖掘出说话者的真实意图。它为人类独有的一种联系奠定了基础。

在教学领域，理解他人的需求并不罕见。假设一位名叫沙巴尔（Shabbar）的指导员正试图就一个非常复杂的话题指导一组学习者。其中一名学生苏珊（Susan）在课间休息时找到沙巴尔，告诉他，她患有焦虑症，当她和一大群人在一起时，她就无法集中注意力。苏珊为此感到尴尬，希望得到同情和支持。沙巴尔以一种温和而亲切的态度回应了她，这让她感到放松。

我们经常发现，人们很难表现出理解他人以及情商的其他方面（见第三章）。原因之一是，我们混淆了同理心和同情心。同情心往往来自苛刻，我们先评估他人的处境，然后才做出判断，这并不是站在支持他人的角度。相反，同理心让我们彼此更亲近。有同理心的人能对他人发出的信号产生共鸣，无论这些信号是口头的还是非口头的。然后，通过小心谨慎的行动，他们伸出援手支持别人，通过共同的情感建立联系。

社交技巧

假设有人看着你走过大厅、走到办公室或者走向你的车，他们会看到什么？他们会看到你与他人的交谈和互动吗？你如何与不同背景的人互动？

社交技巧有时被称为关系管理，它是所有情商维度的外在表现，人们能用肉眼看见，比如与老板、队友或维修人员之间的互动。社交技巧在情商中扮演着重要角色，它包含了个人的自我认知、规范行为、动力和理解他人等各种能力。

在沙巴尔的课堂例子中，如果苏珊在课堂上表现出不舒服或紧张的外在迹象，会发生什么？如果沙巴尔以同情和关

心的方式做出回应——例如，为了让苏珊感到舒适而停止讲课，确保一切正常——全班都会见证他具备有效管理关系的能力。然而，如果他以恼怒的眼神和冷漠的语气做出回应，他的社交技巧测试就不合格。

职场中的团队成员发现，那些与其他部门或上下级同事合作融洽的人具有很强的社交技巧。这些人与最高级别的领导、最初级的实习生以及不同年代的人都相处得很融洽。无论是面对面、通过电子邮件，还是通过文字沟通，他们都是优秀的沟通者。他们有着很强的亲和力和良好的性格，很受欢迎。

◎ 智商与情商

既然我们已经讨论了情商的各个方面，还应该谈谈它的相对面——智商（IQ）。情商和智商哪个更好？为了直接比较二者，我们最好先来理解智商的真正含义。

很多人都做过智商测试。当你在网上搜索某个很棒的辣番茄酱食谱时，偶然发现了一个 5 分钟快速在线测试智商的机会，你可能会测一下，回答几个逻辑推理问题，这些问题可能是算出某个序列中缺失的数字，做一些代数运算，然后你就能知道自己的智商在智力谱系中的位置。

最早测量智商的是保罗·布罗卡（Paul Broca）和弗朗西斯·高尔顿爵士（Sir Francis Galton），他们认为可以通过测量人类头骨的大小来测量智商。后来出现的智商测试方法，包括 1904 年的比奈－西蒙智商测试，它专为儿童设计，为更现代的智商测试方法奠定了基础。从那时起，智商测试被运用在各种场景中，从学校录取到工作筛选，再到社会文化研究，有时甚至用于不法目的。尽管科学家们对智商测试的使用仍然争论不休，但我们已经被它吸引，就像我们离不开辣番茄酱一样。

区分智商和情商，我们可以参考丹尼尔·戈尔曼（Daniel Goleman）的理论。他将智商定义为掌握某一特定专业领域的入门能力所必需的智力能力，也可以将其视为认知能力。在所有的认知能力中，只有模式识别与杰出的领导者有关。普通领导者和优秀领导者之间 90%~95% 的差异主要是由于他们的情商水平。比奈－西蒙智商测试的提出者阿尔弗雷德·比奈（Alfred Binet）最后认为智商测试是一种错误的测量智商的方法，因为它无法测量情商。

从管理和领导的角度来看，"智商和情商哪个更好"不难回答。尽管智商暗示了我们掌握知识体系的能力，但它对领导力和合作力几乎没有帮助。相反，情商是关于与他人联系和激励他人的能力，答案就是这么简单。

请思考

- 你是否曾经依赖专业知识而忽视了人际交往能力？
- 这让你感觉舒服吗？
- 你怎么看待这种感觉？

◎ 总结

听起来是不是不错？事实上，情商的概念并没有那么复杂，这是我们探索情商的美妙之处。仔细想想，其实很有道理。如果你想与他人联系，建立关系，清楚地了解自己以及自己能为这段关系带来什么，情商就会起到至关重要的作用。除此之外，还有很多其他原因推动你提高情商。请继续读下去！

第二章
情商为什么重要
CHAPTER2

◎ 感觉良好是否足够

好吧，让我猜猜你在想什么。情商——自我认知、自我管理、自我激励、理解他人和社交技巧——表面上听起来很棒，让我们感觉良好，给我们希望。它是一种积极的力量，将人们联系在一起，无法替代。情商对人类自身、团队和企业的影响比你最初想象的要重要得多。好消息是，掌握情商的方法和技巧非常简单。

本章将回顾我们自己和团队的情商案例。在解释情商重要性的同时，我们还会讲到正念和自我关注的必要性。

◎ 情商案例：对自我的好处

乔治（George）完全不知道自己与教学团队的其他成员如何互动。他没有意识到自己经常打断团队会议。人们刚准备说话，乔治就会纠正他们，然后把谈话引向别处。他这样做并不是故意无礼，他只是一个精力充沛、干劲十足的团队成员。米歇尔（Michelle）向乔治伸出援手，她告诉乔治，他有打断别人的倾向，乔治感到非常尴尬，他没有意识到原来他一直在打断别人。意识到这一点是他与团队其他成员建立关系的重要一步。

情商对我们的好处是巨大的。想想情商由什么组成。首先，自我认知。当情绪出现时，理解和识别情绪，然后是调节由情绪产生的言行能力、对动机的深刻理解、对他人的同理心以及对自己进行社会管理的能力。所以说情商对我们来说好处巨大，一点都不夸张。情商真的能改变一个人。

首先，情商能带来更好的人际关系。研究表明，高情商的人在工作场所内外都享有更健康的人际关系。不管我们承认与否，高情商的人更容易拥有信任、同情、爱与亲密关系，建立人人都渴望的人际关系。他们也不太容易患抑郁症。

其次，高情商的人身体也健康。谁不想身体健康呢？情商高的人能够减轻压力。事实上，识别和管理情绪的能力能让你在压力对身体造成负面影响之前认识到压力的影响，从而减轻关节炎和糖尿病等疾病的发生概率，控制高血压的影响。

最后，情绪健康的最大好处之一是韧性。在充满挑战的时代，高情商的人更容易应对变化和逆境。他们在情感上忠于自己，不会轻易地被消极情绪压倒。他们能够集中精力去应对意外挑战带来的影响，尽管这样做可能很困难。这种能力进而转化为更好的决策能力，从而带来更好的个人和团队表现。

请思考

- 你是否发现自己完全没有意识到自己的某些行为、偏见或感觉？
- 上述事件引起你的注意后，你有什么感觉？
- 你采取了什么行动？

◎ 情商案例：对企业的好处

目前，中西部地区的一个培训机构正面临重大变革。前任领导班子遗留下一种没有信任感的有害环境。高级主管经常打断课堂教学，指导设计师制作的教案过时且毫无效果。员工一直士气低落，直到新院长朱迪特（Judette）加入机构。朱迪特不仅在机构中营造了一种冷静且专业的氛围，而且还带来了她自己的高级教育管理团队，团队中个个都是高情商。

没过多久，他们的行为和价值观渗透到整个机构中，使曾经处于灾难边缘的机构变成了行业中最受欢迎的工作场所之一。通过跨部门合作，员工开发了令人兴奋的创新项目并成功交付。由于跨职能团队合作得很好，信任感也逐渐在机构内建立起来。这里变成了工作的好地方。

也许早该如此，科学领域的人终于认识到了情商的作用。多年来，领导力领域的专家一直专注于最佳实践和战略选择，以塑造我们对领导力的看法，其实答案就摆在我们面前，或者更具体地说，就在我们自己身上。认识到这一点能对企业产生巨大影响。

　　首先，高情商的人能更好地与下属或身边人沟通。他们能够在更人性化的层面上沟通，从而更容易与对方建立信任。他们也能够更好地与领导沟通，因为他们能够读懂领导的心思，从而确定自己的工作重点。他们能更全面地了解周围人的动机，无论他们为我们工作还是我们为他们工作。他们能使交流变得更加清晰，减少日常工作中的误解。对于学习者来说，了解并与他们建立联系可以确保团队的生存能力，道理纯粹而简单。

　　其次，高情商的人还有其他优势。他们了解自己的动机和驱动力，所以他们比同事表现得更好。他们内心的方向感很强，能够更迅速地处理他们面临的任务。而且，由于情商适用于所有职业，无论从事何种工作，他们往往在职业生涯中发展得更快。得益于擅长与他人沟通，高情商的人往往能更好地解决问题。

　　最后，情商高的人除了工作表现更好外，还会更快乐。一个快乐的以工作为中心的员工队伍会带来高效而卓越的工作表现。这样的员工队伍很少会发生冲突，就算发生冲突，他们也能以专业、谨慎的方式解决。情商高的员工也不太会遭受工作倦怠的折磨，他们很少请病假，流动率也更低，这直接影响了人力资源成本以及结果驱动。

请思考

- 你是否曾在一个员工相处不融洽、缺乏信任的企业工作过？
- 你每天起床去上班的感觉如何？
- 你有任何身体或情绪的不良反应吗？

就像人们常说的，底线永远是底线。在成功确保团队绩效方面，情商发挥的作用最大。无论是与客户的沟通，还是团队工作，没有什么比情商更能实现团队使命。更重要的是，培养情商不需要任何成本！做一个善解人意的倾听者，对别人有耐心、说话前先思考、有自知之明，这些都不需要成本，只需要我们的不断修炼。

◎ 正念连接

正念起源于东方，至今有 2500 年的历史。事实上，正念在古代经文《大念住经》中有被提及，翻译过来就是"关于建立正念的论述"。在这本著作中，佛陀将正念描述为关注身体（包括呼吸）、感觉或情感、思想或意识。练习正念的人努力使自己完全活在当下，他们更加了解自己，了解自己在精神和身体上的感觉。他们不批判且深度思考，与周围的生活保持平衡。

正念与情商的联系非常直接。情商为正念的生活提供了基础。当我们有自我认知的时候，我们会认识并接受自己的情绪。当我们进行自我管理的时候，我们就会控制冲动，避免做出草率的决定、发送令人不愉快的邮件，或者说一些不友好的话。当我们知道内心深处激励我们的是什么的时候，我们就能找到人生使命，一个我们可以全身心投入的使命。当我们对他人表现出同理心时，我们就不会带有评判的姿态，这样与对方的联系也更紧密。当我们通过外显的社交技巧展示这些能力时，我们会更有大局意识，更清楚如何融入社会。

请思考

- 你如何集中精力？
- 这是你经常做的事情吗？
- 当你无法集中精力时，你有什么感觉？

◎ 关于自我照顾

在谈论情商时，我们如此关注自我，这似乎有些奇怪。强大的情商能力使我们能够与他人沟通、建立联系、信任。情商确实是一条成为管理者的谦逊前行道路。奇怪的是，情商之路的动力来源是自我。专注自我、倾听自我、自我冥想、调节自我，这些听起来是不是有点自私？其实不是。

想想帕克·巴默尔（Parker Palmer）在他的书《与自己的生命对话》（*Let Your Life Speak*）中所说的话：

> 自我照顾绝不是自私的行为——这只是对我所拥有的唯一礼物的良好管理，这是我生来要奉献给他人的礼物。任何时候，我们都要倾听真实的自我，并给予它所需要的关爱。我们这样做不仅是为了自己，也是为了那些我们接触到的其他人。

20多年前，巴默尔写下了这段话，现在看起来仍然正确。生活中有太多的事情阻碍我们进行简单的自我照顾。我们无休止地做着高要求的工作，在工作的人际关系中苦苦挣扎。社交媒体要求我们在任何时候都要展现出最好的一面，每天的时间似乎都不够用。

自我照顾并不容易。从定义上讲，当我们为自己腾出时间时，我们就是在占用别人的时间。我们可能会感到内疚，或者试图通过更努力、更长时间的工作来过度弥补"自私"的时间。这当然不对。事实上，当我们为自己留出时间时，即使只是一点点，我们也会比以前更强大、状态更好。我们的人际关系会得到改善，我们的工作效率会更高，我们也会更健康。这是为我们自己和他人做的正确的事情。

请思考

- 你通过什么形式照顾自己？
- 如果没有，导致你无法照顾自己的阻碍是什么？
- 如果你明天早上完全无事可做，你会如何打发时间？

◎ 总结

在团队、个人和职业方面，情商都能改进我们为所有学

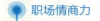

员提供培训和发展的方式。但说实话，这条路并不平坦。在有效实施情商的过程中，无论个人还是企业，都会遇到一些坎坷和挫折。我们后面会提到。

第三章

通往情商的坎坷之路

CHAPTER3

◎ 如果情商这么重要，为什么我们不直接运用

就其应用和好处而言，关于情商的一切都是有意义的。然而，培养情商的道路充满了阻碍，很多事情都会阻碍你培养情商，这可能是内在因素，包括我们可能意识到或没意识到的障碍或恐惧。在任何情况下，它们都可能成为培养情商的巨大障碍。下面让我们一起来看看 4 个常见障碍。

◎ 心智成熟

这是一个棘手的开始。我们自己的思维会阻碍我们吗？

思想是我们所说和所做的一切的起源，所以我们可能会得出这样的结论：因为思想是一个障碍，所以我们永远无法获得情感上的幸福，这是不正确的。但是理解我们思想的各个阶段是很重要的，这样我们才能更好地定位自己，追求强大的情绪健康。

简单来说，我们以自己的方式看待世界。作为人类，我们带着偏见和过滤器来看待周围的人和事。这并不一定是一件坏事，除非我们没有意识到这一点，也没有花时间去充分了解我们的思维方式，以便纠正它。最重要的是，我们看待世界的方式会随着时间的推移而改变。随着我们的成长，我们的生活经历会塑造我们；随着环境的改变，我们的观点也会改变。

罗伯特·凯根（Robert Kegan）和莉萨·莱希（Lisa Lahey）的研究为理解人类大脑的复杂运行提供了坚实基础。重要的是，要知道在成长的过程中，我们都会经历独特、意义重大的能力发展阶段，每个阶段都比前一阶段更复杂。当我们进入思维的后期阶段时，我们摆脱了预先设定、防御性的自我，变得更加有适应力、宽容和包容。

用最简单的话来说，这些阶段是从社会化思维发展到自我创作思维再到自我转化思维的过程。

社会化思维

处于社会化思维阶段的人能在周围人的赞许中找到极大的安慰。他们由各种期望塑造而成，这些期望来自他们最认同的个人、行为和职业身份。

例如，凯拉（Kyla）是一名课程开发专家，她在一个宣扬"过程模型"的企业工作。她一直很乐意跟风，按照公司的意愿设计课程，哪怕她怀疑可能会有更好的方法。她不是那种喜欢制造事端的人，她更喜欢得到周围人的认可。

自我创作思维

在自我创作思维结构中，人们会具备一种坚持自己的信仰系统或价值观的能力——即使它超出了大众所接受的正常视角。这不一定是因为好斗，而只是一种受个人自尊影响看待事物的不同方式。

凯拉最终树立了信心，为公司的课程设计过程提供了一个新的视角。这是一个冒险的尝试，通过发现自己有能力站出来为课程设计寻求不同方法，她显示出了自我创作思维的迹象。

自我转化思维

具有自我转化思维的人不会感到迅速做出决定的紧迫性。相反，他们乐于接受截然相反的观点，探索潜在的解决方案。具有这种思维模式的人能够从更广阔的系统或文化角度看待挑战。

凯拉通过扩大对不同课程方法的探索，发现了许多吸引她的创新选择，现在她已经进入一个舒适的未知世界。她从更广阔的系统角度审视工作，权衡她的课程设计对课堂以外的影响。

那么，为什么社会化思维、自我创作思维或自我转化思维很重要呢？因为它们让我们看到自己所处的位置，为我们打开了一扇门，让我们找到通往想去的地方的道路。上述所有阶段并不是不好，它们只是有各自的倾向和界限。通过了解我们如何看待世界和如何看待自己，我们就能朝着高情商迈进。

◎ 思维模式

我们的思维方式倾向于通过我们觉得最舒适的领域来看待这个世界，这很大程度上是由大脑有效运作的神经通路决定的。当我们有了一个觉得很舒服的想法或实践时，大脑就会将其归档为极其可靠，因此我们会经常回归到那个想法或实践。大脑太喜欢这样做了，因为这样做既快又简单。虽然这在紧急情况下是一个优势，但它却很难支持新思维模式的发展。

我们在这些横向思维模式中获得了极大的安慰，这要归功于人类对稳定性和可预测性的本能冲动。我们想知道我们去过哪里、要去哪里、可能会发生什么。即使是那些以疯狂和不可预测的形象示人的人，也对自己的生活抱有一定的期望。横向思维模式也确保我们拥有稳定的自我意识，这很重要。我们喜欢知道自己适合什么，喜欢自己的想法得到验证。当我们身处一个熟悉的环境，周围是熟悉的景象、声音和体验时，我们感到生活是美好的。

当我们依靠过去的实践来确认自己的价值时，横向思维倾向就出现了。注意我说的是"依靠"。我们以前的做事方

式并不总是不好，事实上，它们非常重要。它们标志着我们在专业上的成长和发展、在企业中的进步以及对某一专业领域的精通。它们也帮助我们建立自信。旧方法为个人提供了一个显而易见的工作满意度衡量标准。

尽管横向思维方式提供了舒适感，但它也有缺点。由于盲目地接受舒适度，把自己限制在可预见的、可测量的范围内，躲在预先建立的固定程序背后，我们会有错过好机会的极端风险。标准成为我们的救星，常规成为我们的日常。我们过于专注于任务，从而失去了在人才发展领域工作需要的更广阔的系统视角。

当我们停留在舒适区时，我们会满足于那些有点挑战，但又不至于十分具有挑战性的目标，而对思维方式的重大挑战正是情商所需要的。任何提高或发展情商的方式都要求我们走出舒适区，适应性地思考。证书能让我们进公司，但无法帮助我们与同事或领导建立联系。

◎ **恐惧**

你最害怕什么？

恐惧不一定是坏事，它能让我们在最可怕的情况下保持安全，它还可以在我们做出困难的决定或执行一个新项目计划之前保持一定程度的谨慎。恐惧的范围很广，从害怕蜘蛛到害怕桥梁、手术，或者某些特定场景，如公共演讲。每个人都有害怕的东西。

每年，美国加利福尼亚州的查普曼大学都会发布一份"全美害怕榜单"，名单很长，包括枪支、自然灾害、极端事件、疾病——毫无疑问，我们生活在一种充满恐惧的文化中。研究人员指出，当我们感到害怕时，我们的决策能力和身心健康水平就会受损。恐惧可以通过破坏我们的免疫系统、消化系统和心血管系统来摧毁我们的身体。它会让我们的思维僵化，削弱我们清晰思考和评估形势的能力，这些情况甚至会让已经存在的疾病加剧。

恐惧也会阻碍我们提高情商。在提高情商的道路上，我们会担心偏离我们认可的专业范围，部分是由于我们天生的生存本能。尝试新事物总是有风险的，尤其是在工作中。我们永远不知道事情会如何发展，所以我们会回避尝试一些脆弱的事情，比如与同事建立情感上的紧密联系。

另外，导致恐惧的关键因素是对无知的恐惧。我们中的许多人从小接受的教育是知道答案才能成功，所以不知道答案会让我们感到不舒服。想要知道所有问题的答案让我们倍感压力，但一定程度内的压力是可以有的。1900 年，当时许多科学家坚持认为精神疾病是由恶魔引起的。多年来，我们一直认为胆固醇是致命的杀手，但放在今天是有争议的。我们认为我们知道答案并不意味着答案是正确的！同时，这种"无所不知"的求知欲会让我们害怕寻求帮助。

对无知的恐惧为各级领导带来挑战。如果老板持有一种"我已经知道了"的心态，那他们的情商就会有所欠缺。知道了所有答案，就没有多少空间去认真倾听，去了解他人的观点。

1817 年，英国浪漫主义诗人约翰·济慈（John Keats）详细描述了这一点，他思考了在怀疑中保持舒适的能力。他认为，我们很难稳坐在不确定或神秘之中。济慈是有道理的，当我们对未知感到舒适时，我们会向他人寻求对话、接触和安慰。当我们能够摆脱保护脆弱自我的倾向，向他人证明我们是多么优秀时，我们就为提高情商做好了准备。

◎ 企业简述

多年来，从文化和信任到生产力和发展，企业一直是众多研究的焦点。如果我不就企业对情商的好坏影响做一些评论，那就是我的失职了。

让我们从企业是什么开始讨论。我们经常把企业想象成一个图表：许多方框和线条通过各种结构和流程连接着具有汇报关系的员工。这种概念呈现形式不可避免，但问题是这种观点并不完全准确。

对企业更好的比喻应该是人类细胞。让我们回到高中生物学，人类细胞之间的化学关系有一种既酷又复杂的平衡。这种温和的相互作用使细胞生长、壮大、保护自己。线粒体、溶酶体、内质网相互连接、相互依赖，就像一个企业中的员工。企业是相互关联的子系统构成的整体系统。线条和方框并不能讲述什么是企业，什么是心灵和灵魂才能。

企业由人组成，人类有各种各样的情绪，所以我们应该关注企业的情商能力。这是一个促进员工联系和增强其凝聚力的地方，还是一个充斥着不信任和办公室政治的环境？

最不理想的情况是企业阻碍情商增长。领导者的不良行为，或对不良行为的包庇，会阻碍培养自我认知、自我管理、自我激励、理解他人和社交技巧生长的环境。这样的企业文化充满了不信任和恐惧。最后，创新受阻，生产效率降低，人员流失率上升，企业底线跌到了最低点。

这样的企业也在试图改变，改变的过程尤其痛苦。改变对任何公司来说都非常困难。任何企业都处于不断变化中，每一次转变都要求员工付出更多。当面临变革需要时，企业会感到恐惧和胆怯，因此通常行动缓慢。大多数企业存在结构惯性、对专业知识或现有权力结构的威胁，使企业变革困难重重。如果一个企业的领导层缺乏情商，企业同时还受到这种有害文化的影响时，它就会发现自己陷入了一个怪圈，摆脱这种怪圈将成为它最大的挑战。

相反，最理想的情况是使企业成为发展的真正培养皿。在一个以高情商为特征的企业中，信任普遍存在。由于信任是任何运转良好的企业的润滑剂，因此，这样的企业必然具有创造力、创新能力和生产力。在信任的企业氛围中，员工不害怕表现出脆弱或提出尖锐的问题。如果没有情商的存在，这一切都不可能实现。

最后，最佳状态下的企业能带来显而易见的能量，它将企业员工的心灵连接了起来。有人称之为企业文化，也有人称之为企业氛围。不管怎么称呼，只有拥有由情商推动的积极力量的企业才具有竞争优势和真正的持久力。

◎ 通往情商之路

对于任何想要在生活中拥有存在感和平衡感的人来说，情商及其相关方面是一个强大的组合。通过持续的练习，实现这些目标所需的技能是很容易的，也很容易复用。这只需要投入开放的心态和开放的思想。鉴于我们刚才讨论的障碍，我想提出一些基本方法，供大家在通往情商的道路上采取行动来克服这些障碍。

拥抱温柔的一面。这可能是你在提高情商的过程中遇到的困难任务之一。事实上，我们对数据和模型有着持久的舒适感。精心设计的图表和复杂的方程式验证了我们的思维方式，并"证明"我们是正确的，除非我们不是。虽然定量统计给我们留下了深刻印象，但它们很少能说明全部情况。虽然指标很重要，但对于每一个指标，数据背后都有一个人，一个有希望、梦想、需求和恐惧的人。我们要与人建立联系，而不是数据。

不要害怕未知。有时候，我们寻求的答案，甚至我们提出的问题，都属于未知的范畴。这对人类大脑来说不是一件容易接受的事情。我们处于一种未知的状态下，往往会带来身体和精神上的压力，使我们感到紧张和不舒服。正如我之前提到的，我们的神经系统渴望确定性，确定性关乎生存。但是，学会在未知的环境中放松，可以让我们深呼吸，坐下来，然后问问题。它让我们从知道所有答案的需求中得到了片刻喘息，给了我们思考的空间。

承认脆弱。这几乎和不要害怕未知一样困难，甚至可能更困难。承认脆弱需要我们摘下面具——人才发展执行者、指导者、教练、经理的面具。如果摘得好，有了真正的自我认知，它就会解放我们，让我们敢于表现出谦卑。承认脆弱的领导者都是探索者，他们不需要依靠自己的职业形象和头衔上的所有装饰来获得重视。理解他人是一种重要的情商能力，承认脆弱的人更容易具备同理心，因为他们愿意做自己。

掌握韧性。韧性强是职场中很容易被误解的概念之一。当我们想到韧性时，我们通常想到的是释放自己强健的一面。越挫越勇，从消沉中振作起来，再试一次。也许我们还要尝试花更少的时间做更多的事情、同时处理多项任务、熬夜或者更努力地工作。但韧性实际上是一种完全不同的东西，它仅关乎恢复。韧性的含义是退后一步，抽出时间照顾自己，治愈自己。它需要平静的内心来抚慰心灵和灵魂。

冥想。 冥想并不像你想的那样困难。冥想可以让我们休息一下，找到对我们的情绪和身体健康至关重要的自我认知。你不需要枕头、毯子或蜡烛，有的话当然很好！冥想可以发生在花园和健身房里、上下班路上或你最喜欢的咖啡店里。如果你真的想从纯粹的意义上探究冥想，首先要找一个安静的地方，坐下或躺下，尽可能让自己舒服，然后闭上眼睛，让你的思想发挥它的魔力。倾听你的身体和周围的声音。你会对学到的东西感到惊讶。

写日记。 这是动词，不是名词。记录是提高情商的有效方法。你可以在笔记本里写下任何你想写的，不需要写很长的段落。一个有效地把自己和所有感觉联系起来的方法是列出你在生活中扮演的角色：母亲、兄弟、项目经理、志愿者、画家。在每个角色旁边，写下当你想到自己扮演那个角色时脑海中浮现的第一种感觉。通过命名这种感觉，

你能够控制自己，选择一个适当的反应来应对这种感觉，而不是仅仅对它做出反应。

反思磨难。当我们想到"坩埚"这个词时，我们通常会想到高中化学课上的那些耐火陶瓷碗，它们可以承受极端温度，永远不会破裂。在某种程度上，我们个人的磨难也是如此。作家沃伦·本尼斯（Warren Bennis）认为，我们个人的磨难是那些我们在生活中真正受到考验的时刻，或者是我们的性格被困难时期锻造的时刻。这些事件颠覆了我们的信仰和价值观，从而塑造了我们。反思这些磨难可以将我们与过去联系起来，帮助我们理解当下的处境。

远离科技。你可能得放下手机了。科技已经被证明是一把双刃剑，它将我们紧紧关联，但是却关联过头了。科技帮助我们实现了很多事情，但同时我们也花了很多时间在科技上。试着每天空出一些不使用科技产品的时间，倾听周围的一切，观察人类，看看你学到了什么。

保持积极。或者换一种说法，积极地看待自己和他人的意图。积极性源于让自己从怀疑中受益，它不仅能给你的身体带来好处，还能防止你因为担心世界末日而失去控制。保持积极心态的人对自己和他人的感觉都更好，他们更有创造力、创新精神和趣味性。别忘了，积极的态度能持续带来更积极的态度，不仅你会感觉很好，你周围的人也会感觉很好。

不断学习。对情感和智力来说，没有什么比对知识的渴望更好的了。日常生活的忙碌节奏很容易让人们陷入没有变化、一成不变的常规生活中。请每天尝试一些新事物，学一个新单词，在外面散步的时候走一条新的路，做一个填字游戏。我们在接触新事物时，会创造新的思维方式，敞开胸怀迎接无尽的可能性。

◎ 总结

情商有很多方面。虽然情商的概念框架相对简单，但它为企业和个人提供了非凡的好处。提高情商的道路上可能挤满了不相信的人，因为他们已经建立了舒适区，但这绝对是一条值得走的路。情商在人才发展专业人士的工作中发挥着独特的作用，它帮助所有人应对职场中的实际挑战。在本书第二部分，我们将探讨这些挑战以及提升你情商技能的方法。

第二部分
情商与人才发展

PART 2

第四章
人才发展专业人士的作用
CHAPTER 4

◎ 以人为本

　　情商与人有关，人才发展行业也是如此。这个行业不是在培训人，就是在课程上与人合作。也许你的工作是招募员工，或者指导员工，再或者与学科专家合作设计教学模块；也许你的工作是监督某个教学系统的专家团队，或者在从注册到管理课后评估整个过程中帮助学习者。在本书的前三章中，我们了解了一些人才发展专业人士的案例，他们所做的工作，以及与情商各方面的联系。

　　情商能力，甚至整个人才发展能力模型本身，都只与个人有关。花这么多时间研究我们自己的大脑，处理我们自己的动机和情绪，看起来有点自私。我们可以写日记、冥想或者只是坐着沉思。尽管这些看起来完全以自我为中心，但事实恰恰相反。虽然情商框架在本质上可以被认为仅与个人有关，但实际上它不仅有利于我们自己内心的平静，还能更好地将我们与他人联系在一起。

我们依靠自己和他人来完成工作。在当今瞬息万变的世界里，单枪匹马是很难成功的。在人才发展领域，极端变化是常态。我们必须保持动力，具备自我认知，同时我们也必须利用周围人的思想和热情，以成功实现我们的目标。我们依靠团队创新、评估结果、制定策略。在培训和访谈期间，我们将参与者分成小组，收集最佳的想法促进积极讨论。所有这些都取决于他人。

有一种很简单的方式来思考这个问题。如果没有人，就没有培训，没有发展。这意味着，人才发展专业人士要想取得成功，他们不仅必须是通过认证的领域内的技术专家，而且必须适应与人合作的各个方面。他们成功的最佳工具就是情商。

◎ 言行一致

作为人才发展领域的专业人士，我们有责任为我们的合作伙伴和服务对象树立榜样。通过利用系统知识和情商能力，我们必须努力做到"言行一致"。例如，如果我们要教授一个项目管理模块，那么我们必须对与他人共事的意义有切实的理解。如果我们要设计一个教学计划，我们必须站在教师和学习者的角度考虑问题，这有助于我们更好地想象所创造的产品的最终价值。这些都需要情商。

情商帮助我们在人才发展领域获得成功。它帮助我们加强意识能力，无论是个人意识还是文化意识，使我们的道德决策视角变得更加清晰，与他人合作的能力也得到了增强。当成为公司的标准制定者时，我们会对如何战略性地解决工作中的波动性、不确定性、变化性和模糊性问题有新的见解。最后，凭借良好的情商能力，我们将专业能力磨炼到极致，确保我们自己和学习者都取得成功。

情商不仅体现在人才发展工作的各个方面，也体现在专业人士发展自己、他人和企业所需的知识和技能上。我们可以以人才发展能力模型作为证据（如图4-1）。

个人提升能力	专业发展能力	组织影响能力
● 沟通	● 学习科学	● 业务洞察力
● 情商与决策	● 教学设计	● 咨询与业务伙伴
● 协作与领导力	● 培训交付与引导	● 组织发展与组织文化
● 文化意识与包容	● 技术应用	● 人才战略与管理
● 项目管理	● 知识管理	● 绩效改进
● 合规与道德行为	● 职业与领导力开发	● 变革管理
● 终身学习	● 教练	● 数据与分析
	● 效果评估	● 未来准备度

图 4-1 人才发展能力模型

在提升个人能力领域，情商表现为情绪智力和决策能力。正如我们将在第八章中讨论的那样，有效沟通需要运用情商去与人联系，去表达你的想法、感受和意见，去积极倾听他人的意见。协作和领导也需要运用情商建立和管理团队，解决冲突（第七章），提供反馈。当前的全球商业环境意味着文化意识和培养包容性工作环境的能力至关重要，情商可以帮助你适应和调整在不同情况下的态度和行为，同理心能拓宽你的视野，培养文化敏感性。

　　情商是专业发展能力和组织影响能力的基础。你的教学设计需要反映出对学习者的同理心，告诉他们如何更好地学习。为了实施和促进培训，你必须能够在现场培训中管理自我情绪和反应，与学习者产生共鸣。在指导他人时，你需要情商来创造相互尊重和信任的环境。要成为一名成功的顾问和业务合作伙伴，你必须与其他组织单位或部门合作，并管理利益相关者，这需要你具备将人才发展需求转化为业务需求的自我认知。管理变化需要管理好自己和他人的情绪，并处理由此产生的任何冲突。

请思考

- 反思你的职业生涯，哪些方面可以通过提高情商来改善？
- 反思你的个人生活，哪些方面可以通过提高情商来改善？
- 你认为自己最大的情商优势是什么？

　　在把本书的概念应用到个人发展之前，有件事很重要，那就是祝贺自己开始思考，你适合哪里，以及哪些方面还需要重点发展，这证明你开始运用情商了。仅仅是考虑自己还需要什么特质才能成功的意愿就已经是很大的进步了。通过思考当前的现状，以及如何更好地服务他人，你就跨越了情商能力的多个方面，将你自己的自我认知与你对他人和组织的关心结合到了一起。

◎ 压力、多任务处理、冲突和沟通

提高情商本身就是一个挑战，它需要经历非常多的脆弱时刻，以及进行大量的内在思考。当然，在我们的日常生活中，我们有机会提高自我认知和自我管理能力，甚至是同理心，但这些机会似乎令人望而生畏。让高情商更容易实现、更容易理解的一种方法是，把它与我们面临的现实世界的挑战结合起来。

一想到发展我们自己的技能就感到兴奋！这让我们对未来充满希望，帮助我们对工作保持热情。然而，尽管我希望我们能够专注于自身职业发展和情商价值的积极方面，但如果我不去设法解决在人才发展行业工作时会面临的一些障碍，那将是我的失职。我们每时每刻都在面对现实世界，并不是每天都能完美地执行我们的课程设计或教学技能。有时候，我们会遇到不利的情况，这会阻碍我们实现目标，更好地服务学习者和客户。

- **压力**。压力会让我们产生极大的焦虑。紧迫的截止日期、艰难的课堂互动以及资源短缺，总是会让美好的一天黯然失色。压力会影响我们的心理和身体，如果不释放压力，我们就会面临精疲力竭或更大的风险。

- **多任务**。没有一个人才发展专业人士是不用同时处理多项任务的。繁忙的日程安排很容易让人在同一时间做太多事情。我们在不同社交媒体平台、不同笔记本电脑之间，甚至是面对面的交谈中来回切换。我们以为多任务处理可能是缓解焦虑的办法，但实际上它在我们的生活中制造了更多的紧张，降低了我们的工作效率（参考压力）。

- **冲突**。冲突和压力很像，它存在于我们生活的方方面面。然而，有冲突不一定是一件坏事。事实上，如果处理得当，冲突可以激发创新和创造力。但是，如果不能识别并建设性地解决冲突，就可能会产生不必要

的身体和情绪影响，并造成更严重的问题。

● **沟通**。一个充满压力、多任务处理和冲突的世界，并不能为我们提供与同事有效沟通的最佳环境。事实上，沟通是所有职场挑战的共通之处。我们如何与学习者进行对话？我们在书面交流中是否投入了足够多的思考？我们是否注意到自己的非语言暗示？

人才发展专业人士做的所有工作中存在着压力、多任务处理、冲突和沟通，它们是我们面对挑战时的自然反应。由于人类不完美且情绪化，因此这没什么好羞愧的。

这就是情商的魔力所在。自我认知给我们提供了一种工具，可以让我们意识到自己什么时候压力大、什么时候超负荷工作、什么时候面临冲突、什么时候沟通不畅。自我管理有助于我们评估自己的反应。自我激励能让我们保持前进并专注于目标。理解他人，尤其是在冲突和交流中，提供了一种人情味，即使是最困难的交流，也能给人一种关怀的感觉。最后，大家有目共睹，无论在什么情况下，社交技巧都证明我们有能力建立联系和信任。

◎ 总结

在接下来的几章中，我们将通过大量的案例研究、练习和技巧来解决这些棘手的挑战。阅读此书时，尽最大努力去运用你最重要的情商能力：你的自我认知！在阅读本书剩余部分时，请仔细审视自己：想想你做了什么，没做什么。注意，这不是在控诉你或你的才华，只是在探索自我。我在之后的每一章中都看到了我自己，尤其是在我需要改进的地方。让我们一起渡过难关吧！

第五章
压力
CHAPTER5

◎ 凯特琳充满压力的一天

对凯特琳来说，这一天可真漫长。作为一家大型非营利性组织的人才经理，她参与了很多项目，几乎每天都忙到忘记时间。今天特别忙，接二连三的会议，一份招聘报告今天要完成，还有六份简历要审核。她刚到办公室准备开始一天的工作，硬盘突然坏了。当技术同事来她办公室帮忙修硬盘时，她的老板打电话告诉她，她将负责新的虚拟人才招聘计划。

◎ 我们的压力世界

我们的员工压力很大，我们的低情商只会让事情变得更糟。我们没有足够的自我意识来认识压力的影响。当我们真切感受到生活中的压力时，我们的自我管理能力会下降，我们的人际关系和积极性也会受到影响，使工作效率降低。的确，在每一年的调查中，员工一致表示他们的工作压力很大。许多人认为，如果工作不是生活中最大的压力源，那也一定是其中之一。大多数人认为，工作压力比以往任何时候都更大，考虑到我们投入工作的时间，也许真的是这样，对此你赞同吗？

一想到平均工作时间，我们通常会想到传统的 8 小时工作日。但这个数字具有欺骗性。许多人发现自己每天工作或思考工作的时间长达 16~18 小时，周末、节假日和假期都是如此——换句话说，我们醒着的每个小时都与工作有关。工作倦怠和离职已成为当下的常态。为了保持竞争力，我们的压力越来越大，每周 40 小时的工作时间已经成为过去。从早上醒来一直到晚上睡觉，我们没有离开过手机、电脑和平板电脑。你在正常工作时间之外查看邮件的频率有多高？当你听到手机提示音时，你是否会绷紧神经，担心这是一封工作邮件，会不会是客户临时要求更改培训计划？

由美国心理协会发布的 2020 年《美国压力》(*Stress in America*) 描绘了一幅可怕的美国压力图景。只有一半的员工愿意讨论压力和其他心理健康问题。考虑到压力对我们心理健康的影响，这是非常令人不安的。当员工害怕向上司提出心理健康问题时，会影响他们在工作中感受到支持和舒适。可悲的是，心理健康问题所带来的耻辱感给那些承受压力的人制造了一个不可避免的陷阱。如果我们有心理健康问题，我们却不愿意去谈论它，那情况会变得更糟！

请思考

- 你会多久和同事坦诚地谈论一次压力？
- 你会询问员工的压力水平和他们各自的压力来源吗？
- 你会询问人才发展项目中的学员这些问题吗？

除了对幸福感的负面影响，压力对工作的影响也令人震惊。公司在人员流动、员工工作效率降低和病假方面的成本高达数十亿美元。患有压力相关疾病的员工可能无法及时、集中精力地完成任务。因此,他们的工作往往是不完整、没有计划的。而在工作中无法集中注意力,不仅不利于自己的工作表现,也会影响周围同事的工作表现。最后的结果就是错过了截止日期、无法满足领导的期望、同事们不得不帮你修正课程计划。

根据美国压力协会的调查,83% 的美国员工承受着各种形式的工作压力,每天有多达 100 万人因为压力而缺勤,每年因此带来的成本损耗高达 3000 亿美元。更糟糕的是,只有不到一半的员工认为他们的老板关心员工工作和生活的平衡。

当企业不能有效地处理员工压力时,企业注定会面临很多不好的结果。压力会影响员工身体的免疫系统,因此相较于那些在更平衡的工作环境中工作的员工,承受巨大压力的员工会请更多的病假,员工离职率也可能会增加。优秀的员工希望在流动自由、充满信任、互相包容、有趣的企业工作,他们会很快离开工作压力大、氛围紧张的企业。同样,对企业来说,招聘新员工也是一项挑战,给领导层带来了很多问题。

经济不景气和工作没有安全感也会造成压力。2020 年,美国心理协会发现,70% 的美国人对经济感到担忧,这比前一年增加了 24%。自 2018 年以来，报告紧张和焦虑的人数增加了一倍多，虽然不能把全国范围压力大增的原因归咎于新型冠状病毒感染大流行，但疫情确实造成了严重不良影响。自疫情开始以来，超过 1/3 的美国人开始表现出焦虑或抑郁的迹象。

高压对国家的影响也很大。越来越多的人对压力产生了生理反应，表现出焦虑和抑郁的临床症状。年轻一代在努力开创事业、偿还大学债务的过程中苦苦挣扎。对于那些面临房贷或房租问题的人来说，挑战就更大了。最近，向老板、非营利性组织或压力相关热线寻求帮助的美国人数量大幅增加。我们无法消除生活中的所有压力来源，但有效地运用情商和一些技巧，可以让我们极大地减轻压力。在本章中，我将展示如何应对压力，这是提高情商技能的一个关键方面。

◎ 什么是压力

压力非常常见，它是身体对各种事件的自然反应，是我们日常生活的一部分。就像本章开头提到的凯特琳的一天那

样，从我们醒来的那一刻起一直到晚上睡着前，压力无时无刻不在。大多数压力都能在短期内自行消失，通常需要一两天。例如，谢天谢地，周五要交的教学设计报告终于完成了！那由此产生的压力将会在周五消除，可以好好享受周末了。在计划即将到来的激动人心的假期时，你可能会感受到同样的压力——出发前，你要列清单、检查护照，确保出发前一切都准备好了。同样，一旦假期结束，压力就会消失。

请思考

- 你最近一次经历压力事件是什么时候？
- 当压力事件发生时，你能否立马意识到压力巨大？还是直到后来才意识到？
- 当压力事件发生时，你当时的感觉如何？
- 应对压力时，你觉得自己的自我管理能力如何？

◎ 有利压力和不利压力

压力可以是有利的，也可以是不利的，它会极大地影响我们的身心健康——有时是以积极的方式，有时是以消极的方式。上文提到的假期压力就是积极压力的例子。同样，新的招聘机会也会给招聘人员带来压力。招聘人员对可能会有新员工加入团队感到兴奋，她会保持专注，完美地履行招聘职责，与候选人进行简单的交流、做演示，以及回答候选人的问题。招聘人员做好准备，保持专注，开始迎接眼前的挑战。

请思考

- 你最近一次感到有压力是什么时候？
- 你当时感觉如何？
- 你当时是如何应对的？

生活中，什么东西能给你带来积极压力？试想一下，当你感受到有压力，而这些压力让你精神振奋——也许是即将到来的最后期限，或者是你即将要推动某项训练课程。

消极压力则完全是另一回事。消极压力可能与许多个人或职业情况有关，如家庭关系不和谐、经济困难或身患慢性疾病。在一个自恋的老板手下工作，就像在一个你的工作成果得不到认可的环境中工作一样，也像在一个内部派系斗争阻碍你完成工作任务的环境中工作一样，这都是造成消极压力的原因。积极压力可以帮助我们提高专注力和提前做准备，而消极压力会对我们的生理和心理功能产生负面影响。

你的消极压力源于什么？是某个项目专家总是等到最后一刻才回复对培训内容的要求，从而使你几乎没有时间进行修改？还是某个培训相关人员认为你随时可以回答他们的培训问题？

◎ 急性压力与慢性压力

美国国家精神卫生研究所将压力分为两大类：急性压力和慢性压力。正如积极压力和消极压力一样，急性压力和慢性压力对所有人都有重大影响。

急性压力是由短期项目或临时情况引起的压力。急性压力可能与未来即将发生的事件有关，也可能与最近发生的事件有关。以未来事件为例，课程设计师会对下个月要交的最终提案定稿感到焦虑，一想到要在向决策机构做陈述之前确定所有细节就会感到压力巨大。同样地，这位课程设计师也会因为面向管理委员会的陈述不顺利而感到焦虑。对课程质量感到不确定所产生的压力可能会在之后的一段时间里一直困扰着设计师。

急性压力源是流动的。这种类型的压力通常会以新的形式出现在我们的生活中，它甚至不会在我们的生活中引起共鸣。这些压力源来去不定，在工作内外以各种各样的方式表现出来。幸运的是，许多压力源已经有了很清晰和易于实施的解决方案，我们在职业发展过程中接受过利用这些方案解决压力的培训，这种准备确实有减轻压力的功效。

慢性压力有更不利的一面。与生活中突然出现和消失的急性压力源不同，慢性压力源本质上是长期的。与消极压力类似，慢性压力源可能表现为长期的经济不安全感、有毒的工作环境或长期的家庭闹剧。如果前面提到的课程设计师在一个缺乏信任的环境中工作，高级管理人员时常做出一些让人无法接受的行为，一线员工很可能就会出现慢性压力。每天汇报工作时的固有紧张就会造成巨大的压力。

慢性压力的影响会累积下去，因此害处很大。最典型的情况是，当一个人长时间生活在压力的枷锁下，最后他只能放弃，不再寻找解决方案。

◎ 其他类型的压力

压力的表现形式多样。研究人员指出，常规、突然或创伤性的事件都能产生压力。常规压力包括我们每天面临的任务：通勤、育儿、家务、财务责任。突然的压力伴随着意想不到和令人不安的事件出现，如失去工作或亲人离世。创伤性压力一般伴随着重大事件出现，如严重的车祸、疾病、袭击、战争或环境灾难。以上 3 种压力都以真实的方式影响着我们。

◎ 压力发生频率

在凯特琳的例子中，压力的原因与工作有关，这是相当普遍的情况。我们都经历过她那样的日子，意外的电脑故障或老板突如其来的新任务，给本就忙碌的一天增加了额外的负担。压力也会出现在生活的其他方面，如去看牙医、买辆新车、亲人的突然造访。压力是人类生活的一部分，人类无法躲避压力。

很多方法可以评估我们生活中存在的压力。其中一种方法是问自己一些尖锐性的问题，然后利用我们的自我认知来回答它们。下面的问题列表改编自感知压力量表，这可能是反映个人压力程度的使用最广泛的工具。想想你会如何回答，然后把答案写在横线上。

你是否经常因为一些意想不到的事情发生而感到沮丧？

_____

_____

你是否会经常觉得自己失去了对生活中重要事情的控制？

_____

_____

你是否会经常感到紧张和焦虑？

_____

_____

你对自己处理个人问题的能力有信心吗？

_____

_____

你是否会经常对事情的发展方向充满信心？

_____

_____

你是否经常无法处理待办事项清单上的事情？

_____

_____

你是否经常无法掌控那些困扰你的事情？

_____

_____

你是否经常觉得一切都在掌控之中？

_____

_____

你是否经常因为事情不可控而生气？

_____

_____

你是否经常认为事情太多而无法完成？

_____

_____

"有时"是上述许多问题的共同答案，但如果你发现自己使用了"很多""经常""每天"等短语，那你可能正经历着过度的压力。当我们处于危险或失去控制的时候，我们通常会感受到压力。我们也会因为身体和精神上的痛苦而感受到压力。不管是哪种情况，我们通常都会得出这样的结论：我们没有应对压力的方法，这只会增加更多的压力，它可能发生在我们的个人生活中。压力可以表现为对金钱的担忧、家庭关系的困扰或对其他一些事情的不确定。

事件也会给我们的生活带来压力。学员害怕考试、阅读任务、截止日期、成绩提升和个人发展，以及因为上课而无法完成工作。我们招募的新员工担心换新工作就意味着放弃原本的工作，两者都充满了不确定性。毫无疑问，我们的同事和我们一样面临着生活和工作中的各种挑战，所有人都生活在压力带来的混乱之中。

◎ 大脑的作用

正如你所料，大脑在处理压力过程中起着重要作用。具体来说，有一种被科学家称为即时返回环境和延时返回环境之间的差异。在即时返回环境中，我们可以实时地看到工作和任务的结果。当我们决定去做某件事的时候，我们马上就能预见到完成情况。课程计划到截止日期了，然后我们开始准备，最后问题解决了。

即时返回环境可以追溯到史前时代。即时满足和成功是当时生存的必要条件，它又持续地与我们人类追求恒常性和可预测性的倾向融合在一起。我们想知道我们的行为是否会产生影响，我们也想看到那种影响。当我们这样做时，对生活的影响几乎是瞬间的。所以，当我们专注于现在或不久的将来时，我们会做得很好。

但是，自狩猎采集者后裔时代以来，情况发生了很大的变化。我们周围有很多信息来帮助我们做出决定，我们也有来自文化和社会对立竿见影的成功的期望。不幸的是，这些并不总是与工作的复杂性、生活的一般需求以及我们很少有时间留给事情以让其自然发展等现状相结合。项目的发展和实施需要时间，而我们并不总是能立刻看到结果。

下面介绍延时返回环境。在我们现在所处的世界里，我们今天做的决定可能会产生深远的影响，影响范围可能会涉及很多领域，我们几乎不可能享受到这些决定所带来的成功。直接结果根本不存在，只能等待长期结果。它们还取决于其他因素，其中许多因素可能是我们无法控制的。这就是情商的动机维度可以发挥作用的地方。认识我们的动机，并从中找到安慰，有助于度过我们在现今大多数决策中会经历的延迟回归。

◎ 性格特征

性格特征也有可能导致压力。研究表明，具有某些性格特征的人更容易焦虑。

完美主义

生活中的完美主义者——他们与焦虑做斗争，因为他们天生就喜欢在混乱的世界中寻找秩序。完美主义者试图把工作做到完美，这种无休止的探索会加剧他们的焦虑。如果失败，他们就会变得紧张，可能犯更多的错误，使完美主义者更加焦虑。这种循环很难摆脱。

分析过度

类似的结果也发生在那些分析过度的人身上。我们身边总有一个想太多的同事。他们纠结于每个决定的每个细节，经常一次又一次地回到最初的思维模式，导致周围的人变得沮丧，并在工作中产生不必要的顾虑。这不仅会让过度思考

者自己感到焦虑，也会让那些依靠他们的工作来实现团队目标的同事感到焦虑。

忧虑

有些人天生就是爱发愁的人，忧虑也是生活压力的一个重要来源。偶尔的忧虑是完全正常的，但有些人的忧虑却是持续的、使人衰弱的。这种人可能患有医生所说的广泛性焦虑障碍。很多人是在青少年时期患上的，患有这种疾病的人，总是担心一切事情。孩童时期，我们会为自己在学校的表现、社会交往或巨大的全球灾难而烦恼。到了成年时期，我们会为金钱、健康和工作而烦恼。这种类型的担忧还可能延伸到更平常的事情上，比如开会迟到。

关心

看起来很奇怪，但关心真的会给我们的生活带来压力。因为关心过度了！过度善解人意的人喜欢把注意力集中在周围人身上，从而损害了他们自己的幸福。他们太在意让别人感到舒适，满足别人的需求，以至于他们忽视了自己的需求。他们认为自己对他人的幸福和情感健康负有责任，所以一旦失败，他们就会感到极度焦虑。

拒绝改变

对于在人才发展领域工作的人来说，拒绝改变是一个非常棘手的性格特征。人才发展行业是一个不断变化的环境，它不断对从业人员提出新的需求。人才发展行业存在着资源障碍、寻找合适人才的挑战，以及针对最有效的成人教育方法的争论。此外，人才发展领域是不断变化的，拒绝改变不仅会对团队成功带来巨大的阻碍，同时也让那些逃避变化的个人产生焦虑。害怕改变的人面对新事物会感到不舒服和惊恐，他们往往过于担心和关注改变的潜在负面结果，进而产生高度的焦虑和紧张。

◎ 反应和影响

我们对压力的反应各不相同。有时，对一个人造成压力的因素不会对另一个人造成影响。决定压力反应的因素包括一些很容易识别的个性特征。具有上述性格特征之一的人，比如过度思考，更有可能对工作中新的业务流程感到压力。

同理，对生活采取听之任之态度的人来说，这不过是一个工作日罢了。

历史也会影响我们应对压力。在用冷静和理性的方式处理压力的环境中成长的人，长大后往往能更好地应对压力。那些小时候就不会处理压力的人，如果不培养应对压力的机制，他们就永远无法战胜压力。有一件事是肯定的，我们每个人应对压力的反应都是不同的。

我们对压力做出的反应会以生理或心理的形式表现出来。我们的生理反应在神经化学的作用下瞬间发生。身体开始产生皮质醇、肾上腺素和去甲肾上腺素，然后血压和脉搏迅速上升。我们会变得更加警觉和专注。同时，我们的肌肉变得绷紧，就像在为保护自己做准备。皮肤发红，汗腺被激活。有趣的是，随着我们的压力越来越大，身体的其他系统开始关闭。我们的消化系统停止发送饥饿信号，减缓分解胃里的食物。同样，我们的免疫系统开始减少活动。这些都是为了让我们能够专注于应对生活中的瞬间压力。你的身体表现压力的方式有哪些？

请思考

- 想想你在压力下的反应并把它写成一列。
- 请三位朋友描述你在压力下的反应并把他们的回答写在另一列。
- 比较这两列内容，有什么区别吗？

从心理角度来看，情绪反应同样重要。压力会让人难以集中注意力，哪怕是面对最微不足道的任务。因为我们专注于眼前的压力源，所以变得易怒和健忘，于是在我们努力应对焦虑时，我们会逐渐疏远周围的人。人们会因为承受巨大压力而感到愤怒、疲劳或绝望，从而导致各种行为出现，如情绪爆发、哭泣、回避社交或滥用药物。简而言之，压力带来的情感代价是巨大的。

◎ 管理压力

压力对个人和团队产生影响的事实提醒我们，无论是现在还是将来，员工的心理健康都非常重要。友善和信任的工作环境是应对这些挑战的坚实基础。同样，资金充足的员工援助计划和各种福利资源，能够满足各种员工的需求，为人才发展专业人士提供长期的支持。

对个人来说，可以采用以下做法来减轻压力。

- **实事求是。**对我们能完成什么事情抱有不真实的期望是不现实的。把自我认知作为认识和控制的主要工具，留出充足的时间来写课程计划，或者为会议做准备。意外的干扰总是会发生，所以对自己要包容一些。

- **做好规划。**把待办事项按优先顺序列成一个清单，写下来，做完就划掉。相信我，当你划掉某项刚完成的任务时，你会感觉很棒！把任务写在纸上本身就是一种缓解。学会说不，然后把事情委派出去。

- **放松自己。**做任何你喜欢的事情，无论是阅读、冥想、园艺还是健身。问问自己，在无事可做的周六早上，没有截止日期，没有人打扰你，你会做什么？你一定是做最能让你放松的事情！那就去做，把这些事情安排在每日或每周的清单上。

- **态度积极，多笑一笑。**动机作为情商的一部分，是积极性的自然来源。我们看问题的角度至关重要。当我们用积极的眼光看待世界时，我们会感到更少的压力，看到更多幸福的可能性。不要忘记幽默的神奇力量。偶尔的笑声可以减轻我们的压力，让我们与他人联系在一起。什么能够在生活中给你带来积极或欢笑？是兄弟姐妹、同事还是你最喜欢的咖啡店的咖啡师？是某个应用程序、某个电视节目，还是某个流行文化博客？为什么不更频繁地利用它们呢？

- **寻求帮助**。即使是在压力最大的时候，我们也并不是一个人。请向你的网友、朋友和家人寻求帮助。如果你觉得有必要，请毫不犹豫地咨询顾问或心理治疗师。不要忽视寻求帮助，相信你的感觉。

◎ 关键点：勇敢面对压力

不管我们喜不喜欢，压力一直都存在。无论是准备某个复杂的讲座，还是和不喜欢的亲属待在一起。通过直接了解压力源并采取积极的措施解决它，我们可以应对生活中的任何突发事件。

想象一下，过去 10 天，你在岛上度过了一个美妙的假期。帆船、阳光、游泳，你能想到的都有。（如果雪山更适合你，那就滑一天雪再入住旅馆吧。由你选择地点和活动。）你玩得很开心，没有任何压力。终于，你感到这比你记忆中

任何时候都放松。整个假期中，你的最大压力来自晚餐吃什么。这种感觉太美妙了！

但你必须回去工作，因为有很多事等着你来帮忙处理。虽然你做着喜欢的事情，但你发现自己的思绪慢慢回到了办公室。你还剩下将近两天的时间，但你已经打开了闸门，让工作侵入你的幸福。你非常有自我意识，你的身体感受到了这一点，它正在毁掉你剩余的幸福时光。因此，你需要采取行动。

请注意以下几个关键步骤。

你已经完成了摆在你面前的最重要的任务之一，那就是运用自我认知识别压力源，然后直面它们。弄清什么困扰着你，给你带来焦虑，这是有效处理焦虑的第一步。值得祝贺的是，涉及压力时，那些我们不愿去想或没有意识到的触发因素是导致出现问题的主要原因。到了这一步，我们就准备好了自我管理。

把带来压力的事情列一个清单。假设你的教学日程排得满满当当，这一点已经无法改变。但是，为什么即将到来的课程会阻止你再喝一杯椰林飘香呢？是教室里的教学设施吗？是教学内容的可接受程度吗？还是教室里学生的组成呢？把这些记下来，给你的大脑留出一点空间。即使你不去想这些问题，大脑也会处理他们。把它们写下来会给你一种成就感和动力，使你不再担心可能会忘记。

别忘了你在度假，利用令人惊叹的环境和记忆将大脑重新聚焦在积极的方向上。你已经把你所担忧的事情写下来了，所以没有理由再去想它了，留到回家后再说吧。通过专注于当下的经历，你的神经系统会更容易重新聚焦于更积极的心态。最后几天，尝试一些新的、冒险的东西，把注意力从工作上转移开。更好的办法是在这个假期结束之前就计划好下一次的假期。明白了吗？我们能战胜压力！

◎ 总结

压力很重要，它可以在很多方面影响我们，无论是个人方面还是职业方面。不处理好压力，不仅会削弱我们的自我认知，还会影响我们识别他人需求、与他人有效沟通的能力。压力会阻碍我们成为一名专业的人才发展专业人士，它对教学设计和教学实施具有毁灭性的影响。最终，我们的工作产出下降，团队也会遭受损失。

请注意情商在压力中所扮演的角色。

自我认知让我们意识到自己正处于压力之下，同时意识到压力对我们的身体、思维和人际关系的影响。

自我管理提供了使用工具来应对压力和调整态度与行为的机会。

你可以利用内在动机来应对压力。然而，压力有时也会对动机产生负面影响。

就像动机一样，过度的压力也会损害我们的同理心。

通常，压力过大最明显的外在表现是我们无法与同事正常沟通，社交能力开始下降。

虽然我们无法消除生活中的压力，但我们可以控制它。通过认识压力的来源，使用本章中提到的一些技巧，我们可以更好地处理日常生活中的事情。安排好自己、制定时间表、坚持制作待办事项清单、偶尔放松一下，这些都能有效地对抗压力。但是，在应对生活中的压力时，要注意一种常见且通常无效的多任务处理策略，它在表面上让你感觉有效，但其实并不是很有效。这一点接下来会详细介绍。

第六章
一心多用
CHAPTER 6

◎ **奎茵同时处理太多事情了**

　　作为学习和发展部门的主要领导，奎茵发现自己经常比想象中要忙得多。每天中午，她坐在双屏幕台式电脑前，一个屏幕显示学习数据，另一个屏幕显示新的课程设计，她同时给同事发短信，再加上偶尔从她办公室打来的电话，你完全可以说奎茵确实太忙了！不仅是在工作上，在其他方面，她似乎也总是有很多事情要做。当她和侄子福克斯视频通话时，她也会一边给侄子讲故事，一边查看邮件和叠衣服。在健身自行车上看小说，在吃晚饭时用平板电脑浏览多个网页，奎茵一直是一个一心多用的人，她自己也感

到很累。

◎ 对一心多用的热爱

承认吧，在阅读本章的时候，你正在一心多用，对不对？这就是我在写多任务处理这一章时感到如此容易的原因，因为我们都会这样做。有时我们意识到了，有时我们没意识到。事实上，我此刻正在一心多用。我擅长一边静静地听着音乐，一边看着网飞电视剧；一边开手机免提聊着天，一边写关于多任务处理的章节。同时做这些事情是多么恰到好处。

现在，我想请你停止现在正在做的一切，注意你的周围。我的猜想是：你手里拿着书，笔记本电脑开着，手机放在身边。如果你在家，你可能同时也在看电视或听音乐。新短信的通知声不断传来，你的家人或朋友可能就在你身边。工作中的一心多用也一样。开会时，我们随时关注着打开了多个网页的笔记本电脑和手机。开车时，我们会接听工作电话。我们会一边参加会议，一边在笔记本电脑上写报告。在全员会议上，我们会偷偷查看电子邮件。在我们忙碌的生活中，一心多用似乎是完成所有必须完成的任务的唯一方法。

和奎茵一样，我们也感到筋疲力尽。

◎ 为什么我们要一心多用

一心多用的原因有很多。众所周知，截止日期似乎越来越早，工作中对产出的需求越来越高。课程需要编写、人才需要招募、预算需要制定，这些原本昨天就该完成。就资源而言，这些又是什么呢？资源似乎和以前一样稀少。所有这些都要求我们找到创造性的方法来管理不断增长的工作量，同时保持情绪稳定。

我们一心多用的原因也是因为缺乏自我认知和自我管理能力。是的，情商在这里发挥了作用。想起来了吗？自我认知让我们在对情绪和焦虑做出反应之前就能感觉到它们。当我们感到不堪重负时，我们经常试图同时完成更多的任务。当我们因为意料之外的工作量而产生内在焦虑时，我们就会依靠自我管理技能来处理手头的任务。当我们缺乏这两种关键的情商能力时，我们往往会一心多用。

很多人都会一心多用，甚至所有人都一心多用。研究指出，99% 的成年人在一周的某个时间点会同时使用两种形式的媒体。据估计，我们每小时查看手机的次数为 6~8 次。我们也很容易分心。虽然很难确定我们中有多少人一心多用，但我们准确地知道只有 2% 的人能很好地一心多用。我们中的大多数人不能很好地一心多用，于是就产生了问题。

请思考

- 你曾经感到过不知所措吗？
- 你最后一次一心多用是什么时候？
- 你在一心多用期间和之后的感受如何？
- 你是否曾因为不堪重负而与同事有过不愉快？
- 你认为自己是一个高效的多任务处理者吗？

有证据表明，虽然我们不能很好地一心多用，但我们仍然能在一心多用中找到舒适感，这真是太令人惊讶了。事实上，我们很少承认自己不能一心多用。我们会为一心多用感到自豪，看我能同时处理这么多事情！专注，真正的专注，一次只做一件事，在当今世界是非常罕见的。虽然我们可能会在同时处理许多事情的过程中发现一种虚假的快乐，但我们往往忽略了这样做的代价。因此，我们有必要更详细地研究一心多用的概念，或者一心多用的奥秘。一心多用真的有效吗？不同的人对此有不同的感受吗？是否还有我们没有意识到的影响？

不要一下子回答所有的问题，不然你就是在一心多用！

◎ 一心多用是误称

一心多用是一种机会均等的行为。奎茵这样做，你这样做，我们都这样做。研究表明一心多用没有性别差异，也没有明显的代际差异。即使是在你旁边的格子间里从事电子学习设计的精明的 Z 世代，也遭受着一心多用的痛苦。

你会说："我不一样，我可以一心多用。"好吧，我们去看看。一个常用的简单测试可以很容易地告诉我们一心多用会发生什么。

首先，在纸上画两条水平线，你在做下面这些事情的时候让一个朋友给你计时，不能作弊。

1. 开始计时。

2. 在第一条横线上写：我擅长一心多用。

3. 在第二条横线上按顺序写出数字 1~20。

4. 停止计时。

看看用了多长时间。一般成年人可以在 20 秒内完成这项任务。让我们再试一次，但这次我们要一心多用。在一张新的纸上，再画两条横线，让你的朋友帮你计时。

1. 开始计时。

2. 在第一条横线上写"我擅长一心多用"的第一个字。

3. 在第二条横线上写数字 1~20 的第一个数字 1。

4. 回到第一条横线写"我擅长一心多用"的第二个字，第二条横线写数字 2。

5. 继续来回切换，直到句子和数字都写完了。

你花了多长时间？是两倍的时间，还是三倍？这就是当我们认为自己在同时处理多项任务时会发生的情况。你大概率会犯错误、会停顿，然后不得不思考自己在做什么。

毫无疑问，一心多用表面上看起来很好——我们以为能完成更多事情。其中一个原因是，我们在多任务处理过程中会接触到不同的任务。我们先花一点儿时间在某件事上，然后转向另一件事，之后再转向下一件。我们认同一心多用，因为我们认为我们的大脑同时关注着很多领域，但其实不是。让我们跟随人才发展专家妮基，看看当我们认为自己在一心多用时，到底会发生什么。

一心多用

又到了最终评审时间，妮基提交最终文件的最后期限迫在眉睫。她一整天都坐在办公桌前，评估学习目标并据此制订计划。与此同时，她一直盯着手机，留意收到的电子邮件，担心会发生什么。

这是一个平常却很典型的多任务处理的例子。我们一般将"一心多用"定义为同时做两件或两件以上的事情。在这个例子中，妮基同时处理着准备认证文件和查收电子邮件这两件事情。我们都会一心多用，尽最大可能在工作日里挤出时间。我们自我感觉很好，以为自己完成了更多的事情，所以我们一直这样做。

即使在有截止日期的情况下，一次专注于一项任务能有高质量的产出，我们也很难不一心多用。研究表明，员工每天至少花费 40% 的时间同时处理电子邮件和短信。更糟糕的是，大约 19% 的人无法保持 20 分钟的专注，他们通常不到 20 分钟就会转向某种形式的电子通信媒介。

背景转换

还是以妮基为例。这次她要为她的老板，也就是培训部的部门主管准备幻灯片报告。问题是，她第二天要去上一堂课，而她的教案还没有完成。她决定先花 45 分钟准备老板的报告，然后写教案，争取多完成一些。每次来回切换的时候，她总是要花上一分钟的时间来判断她上次在哪里停了下来，还有什么需要做，这样的来回循环持续了很久。

用背景转换来形容这种情况很恰当。当我们在任务之间来回切换时，就会发生背景转换，这正是刚才"我擅长一心多用"测试中所发生的事情。我们以为我们在同时做两件事，但实际上我们所做的只是从一个任务切换到另一个任务。我们每次切换任务的时候，都需要花一些时间来回想上次在哪里停了下来，又要从那里开始。这不仅浪费时间，还会影响我们的注意力。

研究表明，我们同时处理的任务越多，我们的效率就越低，这也印证了背景转换的影响。如果我们能自律地一次专注于一项任务，那我们就能 100% 地利用工作时间。如果我们试图同时处理两个任务，那么每个任务只利用了 40% 的生产力，同时处理 3 项任务会将每项任务的工作时间减少到 20%。

注意力残留

妮基终于完成了教案和帮老板准备的幻灯片报告。第二天上班时，她已经准备好去上课了，而她的老板正在大厅里向一群潜在的投资者做演讲。这时出了点问题，妮基的教案并不完整，她遗漏了当天课堂上需要讨论的几个关键学习目标。与此同时，她的老板下午给她发短信，询问为什么演讲报告上缺少需要向公司利益相关者陈述的关键财务信息。

当我们试图快速地执行一系列任务时，注意力残留就会发生。研究人员索菲·勒罗伊（Sophie Leroy）在她的研究中创造了这个词，用来描述我们经常需要在同一时间管理多个项目或任务。我们通过背景转换来应对，但有一个问题，依次处理多个项目对我们的神经有重大挑战，特别是当我们无法在转移到另一个任务之前完成前一项任务时。当我们不能完全完成一项工作时，我们很难把全部注意力转向新的任务。前一项任务遗留下来的思维模式仍停留在我们的大脑中，让我们无法将全部的思维投入下一项任务。

◎ 一心多用的影响

如果有这么多人都一心多用，那它一定会让人感觉很高效。但真的是这样吗？一心多用对我们的工作到底有什么影响呢？

时间管理不理想

我们中的很多人都在时间管理技能上苦苦挣扎。尽管如此，我们大多数人依然认为自己是优秀的时间管理者。没有必要难过，时间管理很难，因为我们对时间有一个根本性的误解。我们通常认为时间是可控的。但事实上，我们无法掌控时间，时间不会为我们停留，无论我们做什么，时间都在流逝。最后期限临近，现在成为过去。

我们以为我们能适应一心多用，我们就能很好地管理时间。但事实是，一心多用无助于时间管理，反而让时间管理变得更糟。即使我们以为会变得更有效率，但事实并非如此。我们把时间更多地花费在来回切换任务上，而不是在完成任务上，这只会导致返工和工作的不完整，进而带来更多的返工。

依靠一心多用来解决时间管理问题是一场灾难，它会对我们的健康和幸福造成重大影响，比如焦虑和睡眠不足。当我们有许多未完成的任务时，我们很容易失眠，或在半夜醒来思考这些任务。当我们试图通过吃不健康的食物来充分利用有限的时间时，我们的饮食也会受到影响。我们在出门去参加下一场会议的路上匆匆吃了点东西，连最适度的休息时间都没有。所有这一切只会是恶性循环。

注意力难以集中

回顾一下我们关于注意残留的讨论，我们可以得出结论：当涉及一心多用时，一定有神经学上的错误。任务切换、干扰和外部噪声都会影响我们大脑的思维方式和一次专注于一项任务的能力。每次我们停下来再开始，它都会占用我们的神经资源，影响研究人员所称的"心流"。这是一个心理学术语，指的是处于一种精神状态，即进入了专注的状态。"心流"状态下，我们完全专注于我们想要完成的任务。在培训领域，当你准备课程计划的时候，你会做得很顺利，将想法和概念有效地连接起来，这会比不断经历背景转换或任务切换更高效。

记忆也会受到影响。2018 年的一项研究评估了各种媒体技术可能对人类认知的影响。换句话说，同时使用不同媒体和记忆之间有关系吗？答案是肯定的。研究结果表明，重度媒体多任务处理者在几个关键领域表现不佳。最重要的是，当他们从一个任务切换到另一个任务时，他们的短期工作记忆受到了影响，导致他们很难集中注意力，最终增加了他们的焦虑。我们的大脑持续进行前进一步、后退两步的循环，大脑在来回跳跃中消耗了大量的神经资源，我们的创造力也受到了影响。

工作效率降低

想一想，当我们坐下来处理工作中的某项任务时，人和物之间会如何相互作用。影响工作效率的因素有任务本身、完成任务所需的时间，以及执行任务时的心理和身体状态，同时我们也要考虑环境问题。这是在一间嘈杂的大办公室，还是在隔间里，或是在一个私人空间？我们还必须考虑干扰的可能性以及干扰的类型（电话、短信、访客）。干扰的重要性也很重要，这是需要我们立即关注的重要问题，还是可以放一放的琐碎问题？两者都会产生我们必须处理的注意力残留，于是再一次，我们把资源浪费在重新开始任务上。

这些因素结合在一起就意味着停机。背景噪声使我们无法集中注意力。各种干扰的出现进一步拖延了我们的工作，我们要花上几分钟回到被打断之前的状态。我们的注意力也受到了影响，导致我们通常只能在一个任务上专注 10 分钟左右，然后转向另一个任务。

◎ 积极的一面

我们可能永远不会停止一心多用。快节奏和快速变化的环境让我们所有人都感到需要一心多用。即使数据表明一心多用情况下生产力不是最优的，但它确实给了我们一种满足感。那到底有没有适合一心多用的情况呢？答案是肯定的。

请思考

- 哪 3 种活动让你觉得可以一心多用？
- 其中有涉及移动的车辆吗？（希望没有！）
- 其中是否涉及其他人？

也许你列出了诸如叠衣服、擦盘子、整理文件或付账单之类的事情，这些都是平凡、日常甚至无聊的事情。做这些事情不需要太多注意力（付账单需要多注意些）。很多时候，我们会同时做其中的两件事。我经常一边叠衣服一边看电视，或者一边做园艺一边听音乐，做这些事情不怎么需要用脑。在这些情况下，一心多用是可行的。

也有少数人是科学家们所说的超级工作者。犹他大学的戴维·斯特雷耶（David Strayer）和贾森·沃森（Jason Watson）在调查开车时玩手机和开车时与乘客说话哪个更危险时创造了"超级工作者"这个词。事实证明，开车时玩手机更危险，请把手机放下！他们发现，只有 2% 的人能够安全、有效地分散注意力，我不是他们中的一员，你可能也不是。

◎ 如何避免一心多用

改变习惯，停止一心多用并非易事。我不会粉饰这件事。即使在写了这一章之后，我仍然发现自己会在做其他事情的时候低头看手机。在阅读本章时，你可能也看过好几次手机。尽管如此，仍然有方法可以避免一心多用，从而提高工作效率。

运用自我认知和自我管理。情商的力量之一是，它让我们在采取实际行动之前可以调整自己。在一心多用的情况下，自我认知让我们感到自己正变得不堪重负，而自我管理让我们调整自己的习惯，这样我们就可以一次只关注一件事。

建立保持动力的堡垒。我们在一心多用方面面临的许多挑战都与环境有关，环境对我们陷入一心多用的影响和我们自己的思维模式一样重要。如果你受不了远离手机，那就把声音关了，或者把它调到飞行模式。关上门，让每个人都知道你需要一个小时不受打扰的时间来专注于手头的任务。

利用计时器帮助自我管理。如果你必须在任务之间切换，请用计时器帮助你在切换到另一个任务之前保持专注于一个任务。当你在做一个特定的项目时，试着在开始下一个任务之前至少专注于这个项目 40 分钟，从而减少注意力残留的影响。

合理休息。在任务之间休息能降低注意力残留的影响。多尝试不同的休息方式！有些人会在工作 25 分钟或更长时间后，休息一下，感觉完全放松。另一些人则喜欢一旦达到"心流"状态就工作更长时间，然后休息更长时间。如何休息这个问题没有最好的答案，但做好这件事能增加我们的动力。只需尝试不同的休息方法，然后坚持使用有效的那个。

推迟查看电子邮件。导致我们一心多用的最重要原因之一就是我们随时需要查看电子邮件。用软件跟踪器跟踪你的邮箱，这样你就能知道每天你在收件箱里花了多少时间。你查看邮件的次数和花在邮件上的时间可能会有调整的空间。请确保你没有被抄送在不需要你关注的邮件链接中，这些邮件会分散我们的注意力，浪费我们处理邮件的时间。你可以限制收取邮件的时间，然后以"突击"的方式集中回复你必须回复的邮件。

一次只做一件事。众所周知，一次专注于一个项目（或一个人）会让你更有效率，社会关系更融洽，哪怕这与直觉相反。这样做能激发创造力和原创性，因为你能够清晰地思考眼前的任务。尽量做到"一次只做一件事"，保持自律，让自己进入"心流"状态，只有在当前任务完成后才转向下一个任务。

◎ 关键点：制订工作计划

考虑到一个典型的人才发展专业人士需要完成的所有工作，难怪我们没有意识到一心多用。我们迷茫又不堪重负，只能通过一心多用去度过繁忙的日子。我们一边写教案，一边写邮件和接电话。我们既要花时间查找最新文献，又要查看评估数据。这样的例子不胜枚举。

在应对日益增加的工作量时，按计划工作是一种有效的方法。通过使用日历和待办事项清单，我们的大脑可以从思考所有必须完成的事情中得到释放。本质上，这样做可以在大脑中创造空间来保持条理性，并将脑力用于更具创新性的事项，以此省去了与注意力残留做斗争，最后逐渐掌控眼前的一切，实现最好的自我管理。

我发现，老式的日程安排方法对我很有效。我一看日历就知道接下来的几个星期会发生什么。这是一个巨大的激励工具，因为它会让我觉得我可以掌控将要发生的事情。我可以提前为我要遇到的所有事情做好准备。从此以后，我进入了数字世界。现在我可以高效地使用手机日历。然而，我仍然会写一份待办事项清单，并把它放在手边。通过写下需要

完成的事情，我就可以停止思考还有哪些事情没做，只需看清单就知道了。

请遵循以下几个关键步骤。

首先，你要意识到一心多用会让人上瘾。在每周开始的时候，花 15 分钟研究一下你接下来 5 个工作日的日程安排，记下你接下来要做的事情。特别注意日程表上那些需要额外注意的条目。

确保日程表既包括完成具体项目所需的工作时间，也包括有一定灵活性的空闲时间，这会让你一整天都充满动力。

其次，根据即将发生的事情来制定待办事项的优先级。没有必要每天重写这个清单，只要把完成的项目划掉就行了，划掉的感觉真的很好！

每天早上，看看当天的日历，将其与待办事项列表交叉对照，有些事项可能与当天的活动有关，其他事项可能是在为未来的事件做准备。例如，你的待办事项可能包括为 3 天之后的培训做准备。不管怎样，把当天的日历与待办事项列表进行比较，你就能准确地知道你需要完成哪些事情才能做好准备。

最后，每天结束时，再看一下日历，这样你就能知道自已是否为第二天做好了准备。确认已经准备好进入下一轮的工作，这会让你感觉良好。享受休息时间，每天晚上放松一下，喝点葡萄酒或其他饮料，既完美又舒适！

◎ 总结

一心多用将继续存在。尽管我们都想证明我们将驯服这头"野兽"，但我们不太可能 100% 成功。如果你是那 2% 的超级工作者之一，那么恭喜你！对于我们这些普通人来说，我们的工作负荷、背景转换的倾向以及周围环境都为一心多用创造了一个良好的环境，也难怪我们如此频繁地一心多用。

尽管如此，使用本章中提出的技巧，我们可以充分利用工作时间。通过利用这些宝贵的时间来处理人才发展资料，激励、塑造多个行业的专业人士。只要稍微调整一下我们的关注点、日程表和待办事项清单，我们就能拥有比我们想象中更多的产出时间。我们在工作中也会更快乐、更平衡、更有效。

需要提醒大家的是，请注意情商在一心多用中所扮演的

角色。

自我认知帮助我们意识到，我们都有一次做太多事情的倾向，最终导致一心多用。

如果练习得好，自我管理可以提供使用工具应对一心多用的机会，改变我们的习惯和行为。

通过一次只做一件事，我们能够在第一时间准确、高效、完整地完成任务。这种满足感激发了我们完成下一个任务的动力。

当我们因为无法完成工作而感到沮丧时，过度地一心多用会损害我们的移情能力。

当我们一心多用时，我们的社交技巧会受到严重影响，比如我们与人交谈时无法集中注意力。

最后，避免一心多用可以让我们培养一项特别重要的技能——集中注意力。集中注意力不仅有助于我们的工作，还会增强我们与他人沟通的能力。不走神，不检查手机，是我们向对方发送的强烈信号。想知道更多吗？那就继续读下去吧！

第七章
交流
CHAPTER7

◎ 莱利和凯尔的谈话

作为一名经验丰富的教学系统设计师，莱利拥有 30 多年的行业经验。她在创建培训项目方面非常有天赋，而且这些培训项目适用于各种各样的科目。只需密切关注她独特且富有创造性教学方法的细微差别就能发现她的课程具有创新性。评估结果显示，她的新助理之一凯尔的工作并不理想，很明显她需要和他谈谈。不幸的是，他们两人之间的沟通并不顺畅。莱利试图把自己的观点讲清楚，结果却显得专横和麻木不仁。另外，凯尔生性腼腆，回避谈话，拒绝进行眼神交流。于是，他表现出了一个非常强烈的信息——他不喜欢莱利对他辅助风格的干涉。

◎ 关于交流

很明显，交流是一个挑战。事实上，只要我们活着，交流就一直存在。词曲作者和表演者一直在创作和演奏关于人际关系中缺乏交流的音乐。随便听一首流行歌曲，沟通或缺少沟通都是潜在的主题。自负妨碍了我们与他人分享的简单需求。人际关系的开始、人际关系的破裂和重建——这些都建立在交流的基础上。

情商的组成部分在我们彼此交流的方式中扮演着重要的角色，这是有道理的。自我认知和自我管理让我们知道，我们如何认识和处理自己与他人的交流问题。当我们在易于交流的环境中工作时，我们会更有动力，会有更多的信任和同理心。同时，我们的社会互动是积极互助的。

交流无处不在。无论在什么环境下，我们总是要以某种方式与人交流。网购时，我们与客服交流；去咖啡店时，我们和服务员交流；我们会在从 A 点到 B 点的路上与出租车司机交流；我们会在发送电子邮件或使用社交媒体时互相交流。任何时间、任何地方，我们都在交流。

对交流来说，工作场所是一个特别发人深省的环境。交流当然是建立跨团队关系和信任的必要条件。当我们担任管理角色时，交流对传达愿景或方向也很重要。当我们与同事分享想法和头脑风暴时，交流也很重要。交流可以是书面的，可以是口头的，可以发生在大型演讲中或小型团队会议中，也可以发生在一对一的对淡中。

交流顺畅时，情商也会发挥作用。个体利用自我认知来监测对方对信息的情绪反应，并通过自我管理来衡量其反应。我们能够在多种社会环境中感受和理解对方。我们不仅能感受彼此之间有更多的信任和联系，同时我们对所做的工作也有了价值感和满足感。良好的交流将我们紧密联系在一起。得益于开放的文化环境，我们的团队变得灵活，反应迅速。

当交流出现问题时，情况正好相反。人们建立起界限，人际交往随之减少，彼此之间没有信任和沟通，团队变成了没有灵魂的空洞实体。一种导致抱怨、旷工和人员流失的企业文化出现了，生产力和员工都会受到影响。

- 你是否曾在缺乏沟通的环境中工作过？
- 在这样的环境中工作感觉如何？
- 这样的工作环境是否让你缺乏同理心或动力？
- 你是否曾因此不想去上班？

　　平心而论，交流并不容易，部分原因是我们交流的方式和步骤很多。从组成部分来看，交流过程包括信息、发送信息者、环境和接收信息者。从步骤来看，交流包括沟通意图、解码意图、理解意图和告知接收。交流的途径也很重要。有些人擅长用写作的方式，有些人擅长面对面的讨论，有些人擅长集体发言，还有一些人宁愿死也不愿站在一屋子人面前。事实上，传递信息的场所多种多样，如果我们能够掌握其中的一两个，那我们可能就会处于非常好的状态。

　　回答以下问题，圈出你的答案：是 / 否 / 有时。让我们看看你在交流技巧方面的表现。

　　交流前，我会考虑信息中任何可能被误解的方面，并思考如何处理。　　　　　　　　　　　　　是 / 否 / 有时

我会根据受众定制信息的传递方式。　　是 / 否 / 有时

我擅长倾听。　　是 / 否 / 有时

我欢迎反馈。　　是 / 否 / 有时

我会持续跟进，确保我的信息清晰易懂。　是 / 否 / 有时

如果诚实地回答，我们大多数人会选择"有时"这个答案。这并不意味着我们是坏人，它只是告诉我们，我们与他人的交流方式还有改进的空间。

◎ 交流的方式

交流有 3 种形式——口头交流、非语言交流和书面交流。情商的原则影响着这些形式。这样说来，我们只需要处理 3 种不同类型的交流形式，这似乎让人感到欣慰。但事实是，即使只有 3 种形式，其层次也是惊人的。每种类型的交流都有自己独特的挑战，需要一套特定的技能才能做好。

口头交流

口头交流对于传播者和接受者来说都充满了巨大的挑战。我们使用的词语以及我们将它们组合在一起来传达信息的方式，可能会让听众感到亲切或不快。使用具有包容性和文化敏感性的语言有助于弥合交流鸿沟，尤其是当我们试图表现出同理心的时候。使用冒犯性的语言（亵渎或性别限制）肯定会产生问题。例如，当你对一屋子的人说："嘿，伙计们，谢谢你们今天来听我的演讲。"这种缺乏自我认知的表现可能会一开始就给人留下不好的印象。即使是像使用不熟悉的首字母缩写这样简单的事情，也会被视为一种轻度冒犯，损害我们传达信息的能力。

语气在语言交流中也起着重要作用，特别是在我们选择强调特定词语的方式上。从社交技巧的角度来看，这一点对任何听众都是显而易见的。例如，思考下面的语气变换（斜体表示强调）。

*切尔西*没有告诉德里萨纳训练取消了。

（意思：别人或许告诉他了。）

切尔西没有告诉*德里萨纳*训练取消了。

（意思：也许切尔西已经告诉别人了。）

切尔西没有告诉德里萨纳*训练*取消了。

（意思：但可能告诉了他其他消息。）

切尔西没有告诉德里萨纳训练**取消**了。

（意思：也许只是推迟了。）

切尔西没有**告诉**德里萨纳训练取消了。

（意思：切尔西只是暗示比赛可能会被取消。）

通过强调特定单词，句意发生了显著的变化，再加上一种可能被解读为慌乱或愤怒的语调，我们就可以看到情商是如何影响这场对话的最终路径。如果我们是一个有同理心的倾听者，并且对自己的情绪持谨慎态度，那么我们只需要提出明确的问题，就可以理解这句话的真正含义。

语言交流不再局限于面对面的交流。当今的语言交流还发生在其他的媒体平台上，如视频会议。

非语言交流

非语言交流比语言交流复杂得多，它在我们相互传递信息的过程中起着重要作用。过去 50 年的研究表明，我们 70%~93% 的交流来自非语言方式。这意味着，无论我们说什么或使用什么语气，非语言表达的方式都很重要。在谈话的

关键时刻避免目光接触，或者在说话的时候把手举到空中，都会完全违背或压倒你试图传达的任何口头信息。这意味着我们必须使用强大的情商能力来特别注意大量的非语言暗示。

眼神交流。通常情况下，与人交谈时，直视对方的眼睛可以建立信任或传递情感。不过，强烈的凝视也会给人带来一种被攻击和不舒服的感觉。

面部表情。很多时候，面部表情都是评估快乐、恐惧、焦虑或其他情绪状态的窗口。我们对自己的面部表情保持敏感，并使用情商技能来准确评估他人的情绪状态，可以有效促进交流。

肢体语言。肢体语言包括我们的姿势、手势的使用以及我们紧张的习惯，比如用手指敲桌子、无精打采或将身体转向别处都会被视为不感兴趣的表现。相反，与别人交谈时，直面对方表示的是感兴趣和尊重。

书面交流

书面交流包括打字或手写的任何东西，如电子邮件、网上的帖子、班规、报告或备忘录、培训手册、推文或信函。

书面文字是一种常用的交流方式，撰写和传递书面信息的能力在日常的组织运作中是至关重要的，特别是在涉及培训和人力发展的情况下。

与口头交流的即时性不同，书面交流是所有人都可以看到和评估的。它可以是永久性的，在人与人之间永久传递。文字承载着巨大的风险和力量。从情商的角度来看，我们要意识到写作对动机和社会动态的影响力。我们在传递什么信息？我们应该非常谨慎地对待我们所写的东西、描述信息的方式以及传达这些信息的媒介。

请思考

- 你最喜欢哪种沟通方式？
- 你是否曾在准备口头或书面信息时寻求过帮助？
- 你是否会避免使用某种特定的交流方式（电子邮件、面对面交谈、电话）？

◎ 为什么我们沟通困难

从我们早上醒来的那一刻起，我们就开始了某种程度上

的交流。有时我们和自己交流，其他时候，我们与周围的人交流。本章一开始提到的莱利和凯尔是在工作场所交流，但交流可能发生在任何地方。我们使用的交流方式也是多种多样的：口头交流、非语言交流和书面交流。那么，既然有了这些选择，而且交流行为如此普遍，那为什么还会有人感到苦恼呢？事实证明，原因有很多。

有时我们避免沟通是因为我们害怕在别人面前说话。一次普通的会议，无论线上、线下，都可能是一次令人生畏的经历。我们可能会因为害怕被嘲笑或评判而犹豫不决。如果观众是一大群人，那我们可能会更害怕。公开演讲是一件可怕的事情，很多人注视着你，人们关注你说的每一个字，你好似身处在一个高压锅中。不只是你一个人会这样，即使是那些擅长在公共场合演讲的人，事后也会猜测自己是否清晰有力地传达了信息。

当我们假设、期望和遗忘时，我们也会遇到沟通障碍。

我们在做决定时会**假设**在与他人沟通之前，他们已经知道了我们的想法，这会影响我们的表达方式和内容。当我们在传递信息之前高估其有效性时，我们注定会遇到问题。

我们**期望**对方能清楚地接收我们的信息，但情况并非总是如此。理解他人的意图是一件非常困难的事情，除非我们非常清楚自己传达的信息，否则对方往往不会理解我们的意图。

最后，我们有时会遗忘。我们忘记的现实是我们自己的，不是别人的。现实受到我们的童年经历、构思问题的方式，甚至我们情绪的影响。忘记别人的经历与我们的经历大不相同会带来巨大的沟通鸿沟。

所有这些障碍都会影响我们与他人沟通的顺畅。有时候，它们受到我们思考和感知周围世界方式的影响。其他时候，它们可能只是办公室里的物理障碍，比如墙或门。其他的障碍可能来自企业结构或文化。科技也是其中的一种，我们的对话经常会被查看电子邮件的人打断。

然而，现如今的交流有一个特别值得关注的领域：代际交流障碍。

请思考

- 你有多少忘年交？
- 除了你自己这代人，你与哪一代人的共鸣最多？
- 你会避免与某一代人互动吗？

◎ 代际障碍

工作场所最有趣的现象之一是，有史以来第一次，企业中有 5 代人共存。这意味着，出于实际目的，一个年轻的团队成员可以和他们曾祖父母辈的人一起工作。这种情况当然是受欢迎的，但这也会带来沟通方面的挑战。因此，我们必须依靠情商技能来解决问题。下面我们将具体讨论每一代人及其发展趋势。请记住，每一代都有例外，但请将此作为一般指南。

传统主义者（生于 1925—1945 年）被一些人称为最伟大的一代。在全世界遭受巨大破坏的时候，他们认同责任和牺牲的价值。在他们的成长过程中，他们被看见却没有被听见，他们只会在一天的辛苦工作结束后才会开心一下。与传统主义者交流时，要记住他们重视形式、权威、制度，他们需要感受到被尊重。

婴儿潮一代（生于 1946—1964 年）。他们不像他们的父母一代那么正式，他们认同努力工作和忠诚的价值。交流时，他们会反驳公认的准则，提出宽泛的问题。与婴儿潮一代沟通时，请记住他们是自给自足的、自信的、理想主义的，而且有点儿叛逆。

X 世代（生于 1965 — 1980 年）是独立自主、足智多谋的一代，他们重视工作与生活的平衡。他们与职业母亲、离异的父母和全球音乐电视台一起长大，因此，他们独立自主，是怀疑论者。如果他们认为工作和生活的平衡受到威胁，他们就会离开现在的工作。与 X 世代沟通时，请记住，如果他们感到不堪重负或任何事情都被上级管着，他们可能会反击。

千禧一代（生于 1981 — 2000 年）有时又被称为 Y 世代，他们灵活多变，精通技术。互联网大约在千禧一代人上中学的时候成熟起来。他们成长于一个紧密连接的世界，经历过重大的全球性灾难，如 "9·11" 和 2008 年金融危机。他们尊重多样性和包容性。与千禧一代交流时，请记住他们重视合作和灵活性。

Z 世代（生于 2001 — 2020 年）作为职场新成员，他们是第一批真正的数字原住民。这一代人是在互联网普及后长大的，他们只知道互联网。全球化的联系和全球化的思维对他们这代人来说是很自然的。与 Z 世代交流时，请记住，由于数字技术的发展，与前几代人相比，他们与人面对面交流

的经验要有限得多。

每一代人都对生活方式、工作习惯和价值观有着独特的看法。婴儿潮一代喜欢打电话，而 Z 世代更喜欢发短信。传统主义者可能很难接受远程工作，而千禧一代则可以在任何地方使用笔记本电脑轻松工作。清楚地了解当前参与培训课程这个群体中个人的期望，不仅可以改善我们的组织文化，也将改善我们的培训课堂。

◎ 提高沟通能力

沟通时，每一双眼睛都盯着你，人们关注你说的每一句话，难怪沟通会令人望而生畏。我们依赖于对方准确地解读我们传达的信息，那就要承担信息被误解的风险。尽管如此，我们仍然需要沟通。时刻关注这些建议，看看它们是否有用。

了解你的听众。这是交流的第一步。了解他的出生年代、文化背景和技术背景。经验是否丰富很关键，这是指导你进行沟通的第一个原则，它将帮助你选择最具影响力的语言、语调和媒介。

掌握非语言线索。非语言交流在传递信息的过程中扮演着重要的角色。通过识别你可能没有意识到的非语言线索得到他人的帮助。大多数线索都很好，可以为我们的交流方式增添乐趣，而其他则不然，意识到这一点很重要。

避免假设、期望和遗忘。记住，我们对信息和目标听众的期望和假设可能是完全错误的。而现实是我们自己的，所以要提前计划。

大声说出来。不是让你大喊大叫，而是要在你说话的声音中表现出自信。如果人们连听都听不到你，那你如何传达信息。如果你的声音比较轻柔，练习好的说话技巧来放大声音，让自己的声音更清晰。自信的语气对传播信息有很大的帮助。

录像。在准备演讲时，录像很有帮助。回放时，我们会注意自己的语言和非语言行为，包括填充词的使用（如"嗯""比如"）、晃动和坐立不安。

校对文本。在发出重要的电子邮件、推特或培训项目的学习指南之前，请确保你写的是你所想表达的。回头查看草稿可以节省很多工作。请人帮你校对，保持书面交流简单明了。

保存书面文档。有时候，经过几次重写，我们终于得到了一些我们引以为豪的东西，这就成功了。保存这些模板以备将来使用。你永远不知道你创作的那篇优美的散文什么时候能派上用场。普利策奖在向你招手！

◎ 关键点：简单的注意行为

有效沟通归根结底就是要注意某些行为，它需要自我认知。例如，想象一下，与两个不同的教学设计师一起开发某个培训项目。他们都是知识渊博且合格的教学设计师，但你似乎与其中一个关系更好，因此，你总是试图与那个人合作。如果没有意识到这一点，那你就会在不经意间埋下职场隐患。

假设你更喜欢第一个设计师哈宁。她风度翩翩，和蔼可亲，和你见面时衣着整洁，落落大方。当她说话时，语调悦耳，语言恰到好处，没有令人讨厌的行业缩略词。哈宁在适当的时间停顿，用礼貌的措辞提问，以确保你理解她的建议。在表达自己最重要的观点时，她会看着你的眼睛。

第二个设计师凯文则是你避之不及的人。尽管技术娴熟，但你无法与他产生哪怕一丁点的共鸣。他的衣服经常皱巴巴的，领带也打歪了。凯文很少与你进行眼神交流，就算有，他也是盯着你左肩上的某个饰品。他的语言中充满了缩略词和行业术语，他认为你懂得这些词。他说话语速很快，不停地说，好像很着急与你结束会议。他说话时过度使用的指示性手势让人分心。

难怪你更喜欢哈宁。问题出在凯文自己身上，他从来没有考虑过他的沟通方式，也没有考虑过如何表达自己的信息。虽然凯文不必对此感到羞愧，但他确实需要注意一些事情——确切地说，注意自己和他人。同样地，只有当我们认识到自己的固有偏见时，我们才能更有效地通过自我管理来改变自己的行为。

对方无法理解我们想要传达的信息，这就是沟通的主要问题。

请注意几个关键步骤：

了解你的听众。这一点值得反复强调。在准备任何形式的交流之前，尽可能地了解听众，这至关重要。了解他们以及你自己的专业知识和能力水平。知道他们能够接受什么，更重要的是，知道他们不能接受什么。

管理现实。被感知到的才是现实，我们必须努力了解现实。每个人的看法不一样，在我看来是正确的东西，在你看来可能完全不对，在第三方看来就更不同了。做好准备，以防人们误解你的信息，你可能需要用不同的方式来解释你的想法。

使用正确的语言进行良好的沟通。你需要根据你的目标受众，通过自我管理来调整你的语言。小心那些可能会被听众误解的词，特别是当你表达同情的时候。请他们为你定义一个词，这样你们就能保持在同一个频道上。避免使用缩略词，除非你确定听众知道它们的意思。

选择正确的沟通媒介。语言交流并不总是最好的解决办法，意识到这一点很重要。同理，书面交流也不是。这两种方法当中一定有一种方法效果更好，了解哪种方法更适合听众和传达信息。一般来说，为了给对方理解接受的机会，详细的较长书面信息更合适。

对听众要有耐心。一旦你传达了你的信息，就要做好被误解和质疑的准备，准备好使用适当的社交技巧和同理心来解决它们。以开放的心态处理这些问题，相信听众并没有恶意。沟通是一件棘手的事情，有时我们花在澄清信息和传递信息上的时间是一样多的。

◎ 总结

有效的沟通驱动着人才发展中的一切。当我们与他人沟通顺畅时，我们就能提高专业能力、协作发展、提供一流的培训、按时完成项目、推动组织走向成功。沟通是所有成就的基础。

有效沟通的秘诀并不难发现，一切都与情商有关。强烈的自我认知和简单的注意行为，为我们用书面或口头方式传达信息做好了准备。无论我们的听众是不同时代的人，还是第一次参加技术课堂的人，只要了解听众并对培训材料的内容保持敏感，我们就能够提供有效的培训。

注意情商在沟通交流中的作用。

自我认知让我们认识到自己在书面、口头和非语言沟通方面的优势。我们可能擅长其中的一种交流方式，在其他方式上还得继续努力。

虽然自我管理对于书面交流来说并不总是那么重要，因为我们通常有时间重新考虑写的东西，但在非语言或口头互

动中，我们必须实时管理我们的反应。

有效的沟通会带来信任和认知情感，为企业中的员工创造动力。

同理心作为沟通中温柔体贴的一面，它可以化解隔阂、带来安慰、缓解压力。

我们通过书面、口头和非语言交流体现出来的社交技巧受到所有人的关注。监控我们所有的交流形式，可以确保那些见证我们努力的人能感受到积极的氛围。

最后，你可能已经发现，在我们对沟通的讨论中，我几乎没有讲到倾听。倾听很重要，有些沟通模式甚至把倾听作为一个重要的组成部分。因为下一章我们会重点讲冲突，所以我选择把对倾听的探索留到下一章。倾听对沟通来说很重要，但对解决冲突来说，倾听也是成败的关键。请继续读下去。

第八章
冲突
CHAPTER 8

◎ 凯莉面临冲突

凯莉刚刚担任技术培训和人才发展部门经理。她一直认为自己善于交际，所以当她有机会从事这份工作，将大部分工作集中在联系志同道合的专业人士、与之培养感情并达成一致时，她会全力以赴。她担任新职位后有 8 个直属下属，她迫不及待地想和他们初次会面。不幸的是，那场备受期待的会议竟是一场灾难，成员之间一直互相攻击。显然，她的团队之间没有信任。即使在最普遍的议题上，他们也无法达成一致。尽管凯莉非常热切地试图安抚他们的情绪，但事与愿违。最后，除了一个人，其他人都默默地离开了房间。离

开的人都怒气冲冲，唯一留下的主管利维看着她说："你有问题！"

◎ 为什么会有冲突

我们如果沟通顺畅，就能彼此建立联系，正是这些纽带为潜在的冲突奠定了基础。事实上，人们往往更容易跟与自己有关系的人发生冲突。冲突往往会让人更情绪化，话语更伤人。

我们和陌生人会发生冲突吗？当然会。你在咖啡店排队，突然有人粗鲁无礼地到你前面插队，耽误了你早上喝咖啡。这时，你可以拍拍他的肩膀说："对不起，是我先来的。"他可能会回道："不是啊，我并没有看到你。"然后谈话变成："就是我先来的。""并不是。"冲突一触即发。如果说这种冲突有解决的希望，那是因为这种冲突只是暂时的，你不太可能再见到那个人。然而，与认识的人发生冲突会对我们的人际关系及工作产生更持久的影响。

- 你上一次与陌生人发生冲突是什么时候?
- 你上一次与朋友或同事发生冲突是什么时候?
- 无论是哪种情况,当冲突发生时,你有什么感受?
- 你的反应是否让你感到后悔?

请思考

冲突就像人类本身一样复杂。与沟通一样,不利的冲突涉及情商的各个方面,如自我认知、自我管理、自我激励、理解他人和社交技巧。试想一下,当我们遇到分歧时会发生什么。有时我们可以提前预见,比如我们正在开会,而有人通常持不同意见,提出了一个有争议的话题。这时个人动机和职业动机就开始发挥作用。我们甚至可能会开始自卫。我们也能猜到接下来会发生什么。

当与他人发生分歧时,我们通常可以利用自我认知来识别将要感受到什么。我们可能会感到不舒服,坐立难安;也许我们会开始冒冷汗、脸颊泛红,或者我们的语气会发生变化。我们将在本书后面的章节中讨论如何处理这个问题。但事实是,我们从身体上和情感上都能感觉到冲突。这会让我们措手不及,干扰自己清晰的思路。

在人才发展领域，员工们对完成某一任务的方式都有其独到的见解，这可能导致他们之间产生冲突。例如，有些人认为定量可能是衡量学习者成功与否最有效的方法，而其他人认为定性和经验可能是更正确的方法。员工也会对某一目标持不同意见，因而发生冲突。例如，我们的目标之一是从中层主管职位招聘学员参加领导力发展计划，还是选择职场新人；或者股东可能会要求通过培训解决问题，但你认为培训并不是解决方案。最后一点，冲突很多时候源于个性或价值观差异。

◎ 冲突的原因

冲突的潜在原因多种多样，但适用于任何行业。无论从事什么职业，它都是一种始终存在的动力。

让我们看看引发冲突的比较常见的原因。

基于感知的冲突。正如我们在上一章中了解到的，感知很重要。逗号位置不恰当、电子邮件书写格式不规范或谈话不顾他人感受，都可能造成感知问题，引发冲突。

基于角色的冲突。现今公司忙于培养人才，团队成员通常从事日常工作之外的工作，这种情况并不少见。如果公司要求我们走出舒适区或不考虑薪资情况，让我们完成其他工作，冲突肯定会随之而来。

基于资源的冲突。似乎从来没有充足的资源支撑我们完成工作。工具、技术和设备都有助于我们完成培训任务，但薪资远不如预期。资源竞争导致指导和教育任务失败，这就很可能引发冲突。

基于压力的冲突。资源少、责任不明确，再加上紧张的培训环境，也可能引发基于压力的冲突。其他类型的焦虑也会加剧这种情况，包括情绪、绩效或同辈压力。

基于风格的冲突。我们都有自己习惯的沟通风格和领导风格。遗憾的是，不同的风格并不总能很好地融合在一起。单独工作时，我们不会面临风格冲突。但是，在团队中工作时，经常会出现冲突。

基于动机的冲突。自我认知要求我们拥有个人动机和职业动机。从积极方面讲，动力给了我们方向和重点。然而，当动机涉及个人利益时，就会产生问题，尤其是在发生冲突时。

基于权力的冲突。在我们所有的工作关系中，我们会发

现自己处于需要行使权力的位置，或者成为他人行使权力的目标。权力是所有人都拥有和使用的东西。当两种权力相交时，你就知道冲突产生了。

◎ 我们为避免冲突付出的代价

当我们承认面临并避免冲突时，不应该对自己太苛刻。寻求和谐与接纳是人类的天性。老实说，如果不必处理个人或专业层面的冲突，那生活会愉快得多。当我们考虑到冲突的影响时，就会尽量回避冲突。

问问自己以下这些问题：

- 在成长过程中，我的父母是否努力维持家庭和睦，避免冲突？

- 我担忧自己是否讨人喜欢？

- 为了避免争执，我是否愿意做出让步？

- 当发生冲突时，我是否能巧妙地引导对话？

- 我是否有未解决的冲突？

如果你对其中3个或3个以上问题的回答都是肯定的，那你可能对冲突很敏感。不仅你自己这样，工作场所里很多人都竭尽全力避免消极的冲突。事实上，研究表明，高达 95% 的人会避免与同事发生冲突，团队却为此付出惨重代价。

许多人避免冲突是因为它会带来很多不确定性、不适感和焦虑。冲突会激活我们战斗或逃跑的自我保护机制，很多人会感觉开始冒冷汗，肾上腺素飙升。我们可能会哆嗦、会提高嗓门，常常会说出后悔的话，伤害彼此的感情，破坏人际关系。难怪许多人都会回避冲突。即使我们的自我认知意识很强，并且意识到分歧即将发生，我们往往也会有不愉快的肢体反应。这让人很不舒服！我们也可能有情绪反应——悲伤、抑郁、焦虑。最后，我们无法通过自我管理控制面对冲突的反应，对冲突感到绝望或恐惧。

另外，规避冲突还有更深层次的原因，它可以追溯到许多人的童年时代。有些人的成长环境充满冲突，而另一些人的家庭则尽其所能地减少分歧。如果我们卷入了一场重大的不利冲突，以前的经验也会发挥作用。自我保护欲会让我们未来避免这种场合的冲突。我们发现自己不会积极地参与冲突，而是变得沉默寡言，感觉这样更安全。

我们厌恶冲突也可能是因为我们重视与他人的关系，尤其是如果我们天生就喜欢取悦他人。工作关系很难处理。我们选择避免冲突，可能仅仅是因为我们不想伤害别人的感情。很多时候，我们会因为害怕给别人制造麻烦而回避困难的处境。同样，在工作关系方面，我们会害怕自己所依赖的专业人士嘲笑或拒绝我们。任何内心的不确定性都会加剧这些情况，因此我们不惜一切代价避免冲突。

最后，我们会因为自身的不确定性而避免冲突。当我们对自己的能力没有信心，或者担心自己的观点不受欢迎时，我们很容易陷入神经保护姿态。我们可能认为自己没有能力处理暴露在自己面前的任何情况，并且也不会冒险分享意见，无论这个意见多么有道理。我们躲进安全的"茧"里，保护自己以避免潜在的失望。

职场冲突没有得到解决，可能会产生严重的影响。在过去 20 年中，研究人员根据最全面的职场冲突研究，估算出每年的冲突成本为 3590 亿美元。不足为奇的是，这一成本反映了职场冲突无处不在。研究还发现：

- 85% 的员工偶尔处理一些冲突。

- 29% 的员工经常处理冲突。

- 49% 的冲突是由于员工自己的个性。

- 34% 的冲突发生在一线员工之间。

- 34% 的冲突是由于工作场所的压力。

- 33% 的冲突是由于工作量大。

- 27% 的员工目睹了冲突升级为人身攻击。

- 25% 的员工因为经历冲突导致生病或误工。

这些数字确实发人深省。无论在哪个行业，公司无法处理的冲突都会对员工的健康和绩效造成严重损害。在冲突过多的环境中工作的人会与身体或情绪反应做斗争，如头痛、失眠，甚至饮食失调。工作场所旷工和人员流动成为新常态，动力不足，士气一落千丈。当个人花更多的时间处理公司中令人不愉快的事情，而花更少的时间来执行合理的战略决策时，个人的绩效就会受到影响。

对于人才发展领域来说，更糟糕的可能不是我们面临的冲突，甚至不是冲突带来的影响。比任何事情都重要的是工作场所中冲突债务的数量。利亚妮·戴维（Liane Davey）在她2019 年的著作《善战：利用高效冲突让你的团队和企业重回正轨》（*The Good Fight: Use Productive Conflict to Get Your Team and Organization Back on Track*）中，引入了冲突债务的概念，即企业中需要解决但仍未解决的所有棘手问题的总和。当问题出现时，我们决定将其搁置。我们说服自己，我们有充分的理由这

样做——我们很忙，财政年度即将结束，培训课程即将开始。尽管如此，这些问题仍然存在，并且越来越严重，因为我们为了其他更容易完成的任务而忽略这些问题。随着冲突债务的累积，我们几乎无法获得处理冲突所需的资源。

教训是什么，那就是不要让冲突得不到解决。

根据戴维的说法，我们倾向于避免冲突、避免对立或避免分歧。我们通过专注于自己认为更重要的事情来避免冲突。或者，如果我们完全诚实地面对自己，任何事情都可以让我们转移注意力，远离冲突。我们避开那些与我们意见相左的人，避免和那些从自己的角度看世界的人在一起，以此来避免反对意见。我们不讨论冲突的所有方面，以避免分歧。换句话说，当谈话有分歧时，我们会后退，也许会把它放在一边，稍后再讨论。当然，我们可能再也不会提到那个冲突，因此我们的冲突债务就增加了。

请思考

- 你的企业如何处理冲突？
- 你能否列出 3 个或 3 个以上你的企业存在冲突的领域？
- 针对这些领域，你的企业当前采取了哪些行动？

◎ 积极的冲突

如果有一种人际关系方面的动力能最大限度地锻炼我们的情商技能，那就是冲突。冲突让我们挖掘自我认知，当出现分歧时，我们就能意识到它的存在。冲突也培养了自我管理技能，这对于使冲突成为积极因素至关重要。我们必须利用这些情感力量并将其转化为积极的行动——柔和而善解人意的声音、眼神交流、适当的非语言交流。当它们结合在一起时，就可以为冲突创造积极的结果，而非消极的结果。

当利用情商来寻求积极的结果时，我们也会享受到建立人际关系的额外好处。对冲突持支持态度的观点可以让团队成员说出他们想要什么以及他们的想法。这对公司来说是非常有益的。积极的冲突也能开辟新的讨论途径。通过相互交流想法并利用我们的情商技能来识别和重视同事的意见，将自己的观点与他人的观点进行比较，我们能够逐步建立自己的想法，并将其与他人的想法相结合，从而做出更好、更明智的决定。

不足为奇的是，当培养积极的冲突时，企业会受益匪浅。互相信任、积极向上的工作关系会带来更好的绩效和生

产力。这些关系不限于人与人之间。由于内部人员的相互作用，部门和部门之间建立起了更全面的信任。当跨职能团队更好地合作时，不知不觉中，所有人之间都会出现一种健康的互相信任和尊重的文化氛围。

◎ 改善冲突管理

冲突似乎是个人或企业都难以处理的事项之一。我们和与我们共事的人之间存在分歧，有可能造成企业出现难以修复的裂痕。毫无疑问，冲突将永远存在。我们有责任把它变成促进企业发展和成功的积极事件，而不是可能带来灾难的消极事件。为了让冲突为我们所用，请考虑以下建议。

思想开放。 当没有以开放的心态面对冲突时，我们需要非凡的自我认知承认冲突的存在。我们充满情感的灵魂确实会引发各种问题，这不足为奇。任何预先确定的责备、评价或意见都可能会导致讨论失败。

拥有自己的特质。 我们因自己的思想包袱卷入冲突或避开冲突。有时是"我在这里不够优秀"，所以我们尽可能地避免冲突。有时是"我必须向别人证明自己"，所以我们采取了公平的或不公平的必要措施，以赢得胜利。这些方法都不起作用。在尝试解决任何冲突之前，都要清楚自己的特质。

制订计划。在冲突发生之前，考虑一下你想要实现的目标。在面临可能发生冲突的情况时，要明确自己需要传达什么信息，把它写下来，这样更容易记住。想想你怎样做才不会惊慌失措，最好是以一种促进合作的方式传递这个信息（见第七章）。请记住，人际关系很重要，损害人际关系很少能带来长期的成功。

不考虑个人利益。尝试关注共同利益和客观的结果。一旦你在想完成的事情上与他人达成一致，就会更容易找到一条通往那里的路。意见一致就会达成共识，你投入一点时间，不带情绪地进行一场关于共同利益的对话，这或许是避免重大冲突所需要做的全部事情。

通过安慰寻求舒适状态。处理冲突最好的方法之一就是对他人的需求和关注点产生同理心。当能够运用这一关键情商技能时，我们就可以抚平过去的创伤并与他人建立良好的伙伴关系。

提出需求并随时拒绝。我们通常不太擅长提出需求。我

们喜欢自给自足的想法，要求一些东西会让我们感到软弱。然而，礼貌而坚定地谈论我们愿意做什么、不愿意做什么、需要什么，这将有助于建立信任和表示尊重。

建立信任文化。你可能会注意到这是本书中反复出现的主题。永远不能低估信任的力量。寻找开放、诚实和例外的方法来建立积极的冲突。礼貌和善良很重要。当我们能够进行富有成效的、建设性的讨论时，我们就会为公司创造一种良好的环境，从而产生长远的利益。

反思、反思、再反思。事后仔细考虑你与人发生冲突的经历。想想你的行为举止、你的言谈，最重要的是，你的想法。你可以写写日记，想出办法改进，下次再练习。冲突总是存在的，所以你会有很多机会。

◎ 练习——倾听

回想一下：最近一次觉得没人听你讲话是什么时候，感觉如何？在谈话结束后，你很有可能感觉自己不被欣赏。也许你认为对方没有与你互动，也许你以为他们并不是真正地关心你或你的问题。

现在，在此对话之上叠加冲突。你的情绪高涨，你关心资源、项目成功、职业声誉等。问题是对话中的其他人可能也有同样的感受，这可能是他们没有好好倾听的原因之一。他们对自己的立场更感兴趣。无论如何，那次谈话可能并不顺利。你没有认真地倾听，使不好的情况变得更糟。

当在倾听的方式中加入高情商技能时，我们创造了一种环境，让人们相信有人认真对待他们的信息，他们感受到了被照顾。如果我们可以意识到自己是不是一个好的倾听者，就为成功奠定了基础。通过自我管理打断别人说话的欲望，就为开放式沟通和解决冲突创造了一种新环境。当我们感同身受地倾听时，会传递出一种信息，即我们认为自己所倾听的人很重要。同样，如果我们的谈话被其他人目睹，就在为所有人提供互相尊重和开放的交流机会方面树立了榜样。

现在回想一下，是否有人真正倾听过你的一次谈话。也许是你在和一位导师分享对未来人才发展的担忧和计划，并寻求建议和指导。如果这位导师是一位很好的倾听者，那你很有可能在谈话结束后感受到导师的关心和重视。即使在这个过程中增加了冲突，但好的倾听者在沟通时会为真诚的关系打下基础，他们的耐心和技巧会减少不良冲突发生的可能性。

无效的倾听被称为领导的普通"感冒"，但它会"感染"公司里的所有人。倾听是一项很难培养的技能，但它带来的好处令人难以置信。好的听众安静、耐心。当你说话时，他们不会考虑自己要说什么。他们只是专注、积极、感同身受地倾听。这是我们成功的关键技能。

请记住几个关键步骤：

通过在适当的环境中进行对话，为认真倾听做好准备。许多开放式的办公室环境无法为不友好的对话提供适当的隐私空间，请尽量在不会被打断的地方讲话。如果是虚拟的对话，请专注于屏幕，避免过多的动作，以免分散讲话人的注意力。将手机留在另一个房间，并关掉电脑的其他通知。

要有耐心。不是每个人都用和你一样的方式交流。有些人可能会结结巴巴地说错话，变得情绪化，甚至忘记自己想说的话。而且，尽管我们认为自己可能会说得比我们听到的更好，但这不是我们目前的任务。我们要给予讲话者你所期望的耐心和同理心。

用这种新得到的耐心全心倾听。共情很重要。当我们深思熟虑地倾听时，我们会听到语言、非语言暗示以及未说出口的内容。说话者用整个身体与倾听者进行交流，我们也应该用整个身体去倾听，不要缺席。

不要认为自己必须解决问题。如果你试图解决问题，那么你可能会在应该倾听的时候思考你要说什么。但你要明白，有时倾听就是静静聆听，谈话的真正目的是让对方把心事说出来。

在倾听之前、期间和之后了解自己的动机。通过了解自己在特定问题上的立场，我们能够更好地听到交谈者的真实信息。

请记住，倾听适用于各种冲突情况。在出现分歧的时候，倾听可以创造出安静、必要的空间来安抚紧张情绪，保持对话的平衡。然而，倾听的力量远远超出了冲突。它改善了企业文化的各个方面。

当你下次遇到一个固执的主题专家，他想在培训课程中加入太多内容时；当你遇到一位经理，他不想腾出时间让下属参加你的学习计划时；或者当你遇到一个设计师，他没有达到你对质量的期望时，使用上述这些技巧吧。

◎ 总结

冲突存在于我们职业生涯的各个方面，无论是平常的沟通、企业战略的讨论，还是关于我们自身专业能力的决策。从历史上看，我们认为这种冲突是消极的。我们害怕冲突并认为应该避免冲突。如果处理不当，情况确实如此。冲突会造成紧张，让我们在身体和情感上都面临重大挑战。冲突也会营造出一种不利于实现绩效目标的企业氛围。但并不是说一切都完了。

请注意情商在冲突中所扮演的角色。

自我认知让我们在冲突问题上拥有自己的立场。我们愿意接受自我认知吗？我们害怕自我认知吗？我们所追求的是自我认知吗？

自我管理让我们能够识别出引发冲突的因素，这样在发生冲突时，我们就能保持积极的对话并继续发展。

通过自我认知，我们可以更好地了解激励自己和他人的因素。这为我们解决公司最棘手的问题提供了共同的基础。

理解他人是解决冲突的良药。通过表现出真实的同理心，我们吸引人们靠近自己，努力解决彼此之间的分歧。

　　社交技巧会发挥重要作用，尤其是在冲突中情绪开始起伏时。请记住，周围的人总在观察、评判我们。在冲突中，保持冷静和尊重，有益于事态缓和、继续讨论，从而获得丰硕的成果。

　　冲突并不是坏事。从更积极的角度来看，它可以大大提高同事的创新能力和想象力。通过运用情商，我们可以为个人和企业的积极冲突打下基础。工作场所产生的协同作用反映了一个开放、令人兴奋的环境，这种环境有利于讨论、争辩、提出创新方案。拥抱冲突！保持积极的心态，看着它为你工作。

第九章
接下来怎么做
CHAPTER 9

◎ 如何实践

不管是在现实中还是在网络上，我们很可能从来没有见过面，所以本书最后一章以这样一个个人的、直接的标题开始似乎不太寻常，甚至可能在人才发展协会系列书籍中显得格格不入。然而，我们对情商的使用超越了形式，超越了我们在人才发展生涯中学到的所有技巧和窍门。这并不是说我们工作中的技术部分不重要，相反，它们至关重要。它们给我们提供一流的培训工具，让我们的学员获得最大的成功。但这还不够。当我们在缺少情感幸福的基础上依赖这些教学策略时，我们将永远不会对我们服务的学习者和企业产生潜在影响。

在之前的章节中我们已经开始了这段旅程，探索了情商的组成部分，并通过探索压力、多任务处理、沟通和冲突，追踪了情商能力的使用。如果这就是一个人才发展专业人士在工作中探索和使用情商的全部和最终目的，那就太好了，但事实并非如此。前几章的目的是将这些情商概念与工作和生活中的实际应用结合起来。

我们接下来怎么做？你大概率会点头，给我发邮件，告诉我，你有多喜欢这本书，然后继续手头的下一个任务。对于我们在情商这个至关重要的话题上共同走过的旅程来说，这将是一个令人失望的结尾。那么，我们现在和将来如何应用本书中提出的概念呢？有没有一种方法可以让我们把情商作为生活和实践的基础呢？答案是肯定的。

本书的前三章中讲到，情商需要我们理解自我认知、自我管理、自我激励、理解他人和社交技巧。很少有概念与我们的幸福和成功如此直接相关。自我认知让我们真正认识自己：好的自己和坏的自己，给了我们真实做自己的基础。在情绪失控的情况下，自我管理能够让我们平静下来，有效地调节自己的行为，不让情绪占据上风。了解我们的动机可以帮助我们弄清楚是什么激励我们早上起床，积极工作，让我们快乐。同理心架起了与他人联系的桥梁，而社交技巧帮助我们发现所有个体的独特需求。掌握这些能力，并在此过程中不断成长，可以让我们更好地了解自己和他人，无论在工作中，还是生活中，它们都是成功的基础。

探索情商的道路充满了挑战。努力让自己更加了解自己的思维方式和对他人的看法，需要谦卑和承诺。好好遵循自我认知、自我管理、理解他人、自我激励和社交技巧的原则，我们就能成为更好的人才发展专业人士和更好的人。这是一段旅程，它可不像读一本书、核对清单上的几个项目、完成几个任务那么简单。成功之路始于设定现实的目标、建立支持系统，然后追踪你的成功。

◎ 设定现实目标

我体验过那种将一个新概念付诸实践且不顾后果地放手去做的兴奋感觉，这是一个既令人兴奋又值得欣赏的时刻。就我个人而言，我往往有点过于热情。此时此刻，我的朋友们正在读这篇文章，他们笑着说："哦，帕特里克，你真是这样认为的？"是的，无论在什么情况下，我都倾向于积极思考，看到光明的一面。我把它称之为积极思考的力量，抑或称之为盲目乐观、阳光。不管称为什么，我都具备这种力量。出于某种原因，我的默认立场是，如果我们在任何情况下都能找到积极的一面，我们会变得更好。

如果你也是这样，不要感到羞愧。根据科学家的说法，很多人和我们一样。事实证明，人们有一种非凡的能力，即对任何话题都持积极的态度。事实上，我们更有可能过分强调积极的一面而低估消极的一面。从工作到个人生活，再到身心健康，我们似乎总是积极地思考，说服自己我们有比一般人更好的机会获得成功和幸福。科学家称之为乐观偏见。

我喜欢这样的想法：我们天性积极，能够看到别人的优点，我们希望自己和所关心的人得到最好的结果。然而，即使我们可以一直保持积极的态度，我们也一定要设定现实目标。只有设定现实目标，我们才能给自己带来庆祝成功的最好机会，当事情没有如我们所愿时，我们也不会太沮丧，从而确保长期的幸福。我们称这样的人为积极现实主义者。

成为一个积极现实主义者最好的方法是什么？

首先，记住生活并不总是公平的。如果事情不如所愿，一个安慰自己的好方法就是：生活不会事事如意。有些人可能看起来事事如意，但这不太可能是真的。生活就是生活，无论我们是谁。许多人即使在最糟糕的情况下也能找到快乐。当我们审视自己，审视我们所拥有的东西时，我们会发现生活其实并不是那么糟糕，即使偶尔会有一些不好的事发生。

其次，当你设定目标，准备晋升到下一个人才发展职位时，要记住，在前进的道路上，要有清晰的自我认知，这是很重要的。也许你现在还没有准备好接受某个特定的职位，也许再多一点经验就行了，又或者那份工作并不适合你。请对自己诚实，给自己最好的机会，做出最好的决定。

最后，积极的现实主义者也知道坏事可能会发生。当坏事发生时，我们必须保持坚韧，继续前进。韧性通常与振作和变得更强有关，但这是一个错误的定义。事实上，韧性就是自我照顾。当事情没有如我们所愿时，自我照顾是我们首先要做的。然后，我们重新振作，重新评估形势，看看有什么教训可以借鉴，有什么新的道路可以走。

◎ 建立你的支持系统

人类互相需要。人际关系给我们力量，帮助我们活得更健康、更长寿，然后取得全面的成功。文化中被打破的传统价值观之一是"自力更生"的心态，这是我们个人主义起源的基础。当然，个人自由和正义很重要，个人动机和性格也很重要。但是，认为我们必须独自生活和追求职业目标是一种不幸的观点，这种观点有可能让我们感到孤独和渴望被认可。

我实在找不到我们不应该依靠别人的原因。我们应该经常依靠别人。朋友、家人和同事是提供建议和指导的无尽源泉，他们在我们需要的时候支持我们。无论我们努力挣扎的是什么，他们都为我们提供了珍贵的外部视角。当我们能够依赖他人时，我们就会有一种舒适感和安全感，让我们能够发挥创造力和承担风险。我们的自尊心增强了，我们对自己所做的事情就会感觉更好，也更有可能伸出援手帮助别人。

想一下你上次在教室里搞砸了的情景。我们每个人都会遇到这种事。有时候，我们想要的只是和别人分享这段经历，谈论这件事并把它说出来感觉很好。我们并不总是需要答案或建议，有时候我们只是需要情感上的支持。我们需要知道，有人觉得我们有价值，不好的日子会来也会去，我们无法预料变化。情感上，我们受益于被关心和被爱；身体上，我们受益于减少焦虑和降低血压；智力上，当我们有一个能让我们感到安全的人来分享我们所关心的事情时，我们就会敞开心扉，获得潜在的解决方案。

我的好友兼同事鲍勃·托比亚斯（Bob Tobias）做了一件我认为非常不寻常的事情，他在面试研究生，决定是否让他们进入他的项目时，总是在面试结束时问他们："你们需要我如何帮助你们在这个项目中取得成功？"面试的学生给出的答案通常都是，希望提前拿到阅读材料，希望有人可以解答他们的问题，或者可以灵活安排时间。但这些都不是鲍勃真正想听到的，他希望面试的学生能够直接告诉他，他们需要从他那里得到什么帮助。换句话说，他希望他们向他求助，但这种情况很少发生。

这种情况很少发生的原因是，我们很难向同事、老板、朋友或亲戚提出自己的需求。出于自我保护的原因，我们不想显得软弱，我们也不想让任何人为难。有时候，我们的自

豪感有点太强了。说实话，这有点像谦逊测试。当我们想要得到什么东西时，我们需要表现出脆弱。

承认自己的需求对每个人都有好处。有时，这些欲望非常私人；有时，它们就像专业建议一样简单。不管是哪一种，它们都是有必要的。如果不被满足，它们就会在我们的思维中造成空白。当我们没有提出自己的需求时，我们可能会在情感上遭受痛苦。

寻求帮助，接受帮助，定期与同事、朋友和家人见面。（有些纯娱乐的活动是完全可以的。）要想在生活和事业中取得成功，就要多接触你所需要的人。让他们帮助你，你也要在他们需要的时候帮助他们。就像交流催生交流一样，善良也会催生善良。当别人帮助我们的时候，我们才更有可能去帮助别人。然后，故事就这样开始了，我们都成了更好的人。

◎ 记录成功

这是我故意让你犯错的地方，我一直等到书的最后才提出来。如果我早点这么做，你可能会把书扔掉。现在，你已经投入了时间和精力，所以希望你不要介意。谢谢你的配合！

这一章有两个关键词：记录和成功。说实话，记录很简单。有很多工具可以用来记录成功：日记、智能手机、笔记本电脑、平板电脑、计时器（有人还记得的话），以及简单的笔和纸。记录的方法真的不重要——只要能让你在走向成功的道路上更容易地捕捉自己的想法，记录自己的成就就行，哪种好用，就用哪种。

那么，成功到底意味着什么？

似乎我们只是在用专业的眼光看待成功，但事实并非如此。让我用自己的故事来解释一下。在我担任海军军官的早期，一位海军上将问我："你认为10年后的自己会是什么样子？"我一直讨厌这个问题，我怎么知道我10年后会变成什么样子？但我知道上将想听什么样的回答，他想让我告诉他，我希望自己10年后处在一个有军衔、责任重大的岗位上。海军上将并不想知道10年后我会成为谁，他只是想知道我10年后想做什么工作。看出不同了吗？

这让我开始思考成功到底意味着什么。在一个企业中，成功是一个头衔还是一个职位？当然，头衔和职位可能只

是成功的一部分，而且应该只是一部分。如果你的职业可以让你立志做一些伟大的事情，改变人们的生活，这将是一种难以置信的幸福。有职业目标或志向，寻求有意义的工作，这没什么好羞愧的，但这能作为衡量成功的唯一标准吗？

当你记录职业生涯中的成功时，请记住"成功"的广泛含义。成功是更深层次的东西，还是工作以外的事情。也许成功只是情绪健康、平衡和对生活的满足。也许它包括感谢生活中的一些小美好，比如欣赏日落、吃玉米卷或孙辈崇拜的微笑。也许一个有个性、真实和正直的人也可以被视为成功；也许成功的衡量标准只是关心他人，表现出同理心和同情心，为正义而战，表现出对人类福祉的永恒热情。

◎ 最后的感想

让我们回到开始的地方。在前言中，我们讨论了一张列出了几种情绪的表格，然后问了你 3 个问题（前言第Ⅷ页）。请再次回答，看看你的答案是否有变化。

1. 哪种情绪描述了你的常态？

_____

_____

2. 你最害怕哪种情绪？

_____

_____

3. 你希望自己对哪种情绪能感受得更多？

_____

_____

如果你离能够以一种真实而脆弱的方式回答这些问题又近了一步，那么恭喜你！这不是一件容易的事。接纳自己的情绪，认识到他人的情绪，是在工作和个人生活中架起沟通桥梁的一种有力的方式。但这并不容易。

这本书是为培养他人才能和技能的专业人士而写的。无论你是教学系统设计师、教师还是工作人员，你都能改变周围人的世界。一些自我认知，再加上一些自我管理、自我激励、理解他人和简单的注意事项，构成了你工作的坚实基础。

我由衷地希望本书中的内容可以帮助你提高情商，不仅

在课堂上，而且在课堂外，在你生活的社区，和你爱的人一起。最后，我希望你可以利用本书的内容帮助你遇到的每个人，使他们对自己更有自信心，让每一个你去过的地方都变得更好。